■ 新型农业阳光培训教材

新技术
新热点

新农村农业技术带头人读本

● 徐仙娥 主编

中国农业科学技术出版社

图书在版编目（CIP）数据

新农村农业技术带头人读本／徐仙娥主编．—北京：中国农业科学技术出版社，2011.8

ISBN 978-7-5116-0572-6

Ⅰ.①新… Ⅱ.①徐… Ⅲ.①农业技术－基本知识 Ⅳ.①S

中国版本图书馆 CIP 数据核字（2011）第 136437 号

责任编辑　杜新杰
责任校对　贾晓红　郭苗苗

出 版 者　中国农业科学技术出版社
　　　　　北京市中关村南大街 12 号　邮编：100081
电　　话　(010)82106638(编辑室)　(010)82109704(发行部)
　　　　　(010)82109709(读者服务部)
传　　真　(010)82106624
网　　址　http://www.castp.cn
经 销 者　各地新华书店
印 刷 者　中煤涿州制图印刷厂
开　　本　850mm×1 168mm　1/32
印　　张　4.375
字　　数　84 千字
版　　次　2011 年 8 月第 1 版　2011 年 8 月第 1 次印刷
定　　价　13.00 元

◄◄◄ 版权所有·翻印必究 ►►►

《新农村农业技术带头人读本》
编委会

主　编　徐仙娥

副主编　李旭敏　杜媛媛

编　委　毛荣里　刘建灵　王伟平　叶建军

廖明林　季伟平　徐建琴　陈超俊

吴春红

前　言

　　农业科学技术是农业发展的第一推动力，新中国成立以来，特别是改革开放以来，中国农业取得了长足的发展，其中农业科技发挥了巨大作用，为了加强农业技术推广工作，促使农业科研成果和实用技术尽快应用于农业生产，我们组织专家编写了这本《新农村农业技术带头人读本》。

　　全书共分为六个部分：农业技术带头人应具备的知识、主要农作物栽培与植保知识、农机的使用与维修技术、农业推广技术、农业信息化发展与应用技术、农业政策与农业法律。着重对新农村农业技术及其相关知识作了详细的介绍。

　　本书内容全面丰富、通俗易懂、实用性强，能使广大农村基层干部和群众了解更多的农业现代科学技术知识，进而对提高亿万农民的科学文化素质、发展现代农业、建设社会主义新农村提供实实在在的帮助。

　　由于编写时间仓促，书中难免存在错误和疏漏之处，敬请广大读者朋友提出批评意见。

编　者
2011 年 5 月

目　录

第一章　农业技术带头人
应具备的知识

一、种植业专业基础知识

（一）植物学及植物生理学基础知识

植物学是研究植物生命的科学。近代植物学的研究逐渐向宏观和微观两个方面发展，即从植物个体水平分别向群体和细胞、分子水平，去研究植物生命活动的规律及其发生发展规律。通过植物学的学习，可以掌握在人和自然环境的影响下植物的生长、发生规律，以利于控制和改造植物，满足人们生产和生活需要。植物学有许多分支学科，如植物形态学、植物分类学、植物解剖学、植物生态学、植物生理学、植物胚胎学等。农业技术指导员应重点掌握植物细胞和组织的构成及作用、植物营养器官和生殖器官（被子植物）构成及作用、植物界的基本群类等基础知识。

植物生理学是研究植物生命活动规律的科学，是生命科学的主要学科之一，也是农学和生物学各专业的专业基础课，主要由细胞生理、代谢生理、生长发育和逆境生理4部分组成，其中包括信息传递与调控。从4个研究组成上也可以看出植物生理学研究的不同水平：分子→亚细胞→细胞→组织→器官→个体→群体。通过植物生理学的学习，可以为植物生物技术、作物耕作栽培、作物新品种的培育、生态和环境保护、以植物为材料或对象的药物生产和食品加工贮藏等应用科学研究提供强大的理论指导和技术支撑。农业技术指导员应重点掌握如下基础知识：作物生长发育的基本概念和相互关系、作物的生长生理、作物的发育生理、作物生育规律及其调控、作物的激素生理和化学调控、作物的水分状况指标及其测定、作物体内水分的运输与分配、作物的水分蒸腾与散失、作物水分利用效率、作物必需营养元素、作物对矿质元素的吸收、作物对矿质元素的同化运输和分配、植物矿质营养效率的遗传差异及其胜利特征、作物光合作用的有关基本概念、作物个体的光合生理、作物群体的光合生理、作物的呼吸作用与光合效率、麦类作物和黍类作物的光合性能特点、作物韧皮部运输、作物韧皮部的装载与卸载、作物同化物的分配规律、作物同化物的再利用、作物成熟的概念、作物贮藏器官的形态建成、贮藏器官中同化产物的积累、主要贮藏物质（淀粉、蛋白质、脂肪、纤维素、蔗糖）的合成、积累与产品品质、生理器官的脱落与败育、作物的衰老及其生理机理、作物的逆境与抗逆性、作物的冷害、冻害与抗寒性、作物高温危害与抗热性、作物的旱害与抗旱性、作物盐害与抗盐性。

人类栽培的绿色植物称为作物或农作物。作物是太阳能的最初转化者、有机物质的创造者，其产物是人类生命活动的物质基础，也是一切以植物为食物的动物和微生物生命活动的能量来源。农作物生产是自然再生产和经济再生产互相交织在一起的物质能量转化生产。它使用优良的作物品种，科学地利用土地、种子、肥料、水利、耕畜、农机具和其他生产资料，促进作物的生长发育，将无机物质和太阳能转化为有机物质和化学能。它不同于工业生产，基本是露天生产，受自然条件如光、温、水、土、肥等和其他生产条件的影响，又受科学技术和社会经济发展水平的制约。农业技术指导员除了解上述基本情况外，还要熟悉作物产量形成规律及其农艺技术调控、当地主要作物的高产理论与实践以及现代栽培理论与技术发展等知识，重点掌握如下基础知识：作物及作物生产概念、作物产量及品质的形成、农作物形态建成及产量的形成、作物高产群体建成及其调控、作物生长发育的环境因素，水稻、小麦、玉米、棉花、花生等主要农作物高产栽培理论与技术，以及作物安全生产的化控栽培技术、作物信息栽培理论与技术发展、作物高产高效持续生产技术等。

（二）农作物病虫草害发生与防治基础知识

农作物的生长发育需要适当的条件，才能进行正常的生理活动。作物自身内部因素及外界环境因素发生变化，易导致病虫草危害作物生产。合理进行植物保护，是确保农作物安全生产的重要措施。为此，农业技术指导员在了解植物病理学、农业昆虫学和农田鼠害与草害发生发展规律的基础上，应掌握农药的分类、农药的剂型、科学用药、植物检疫和农业综合防治的基础知识，具备按照农业标准化指导科学用药的基本技能，重点掌握小麦、玉米、花生、棉花、水稻等主要农作物病虫害发生规律与防治技术。

（三）土壤与肥料基础知识

土壤学是以地球表面能够生长绿色植物的疏松层为对象，研究其中的物质运动规律及其与环境间关系的科学，是农业科学的基础学科之一。土壤学研究的主要内容包括：土壤组成与类别、土壤物理、化学和生物学特性、土壤的发生和演变等。其目的在于为合理利用土壤资源、消除土壤低产因素、防止土壤退化和提高土壤肥力水平等提供理论依据和科学方法。应重点掌握的土壤学基础知识：土壤的概念、基本组成、土壤的固相物质、土壤形成因素和成土过程、土壤分类、土壤分布、土壤物理性质、土壤化学性质、土壤养分来源、形态和有效性、土壤中的大量元素、中量元素和微量元素、土壤生物等。

作物在生长发育过程中，需要不断地从土壤中吸收足够的营养物质，才能构筑自身机体，完成生长、发育、开花、结实等生命活动。当土壤养分供应不足时，作物生长发育受到限制，必须靠给作物施肥来解决土壤养分的供求矛盾。因此，农业技术指导员在掌握有关土壤学知识的基础上，还要掌握肥料学基础知识，如化学肥料的分类、主要化肥品种、性质及其施用、有机肥料作用与特点、主要有机肥料种类及特性、微生物肥料种类与作用、合理施肥的原理和依据、科学配方施肥技术等。

（四）农业标准化与安全生产知识

农业标准有国家标准、行业标准和地方标准。按照农业标准化组织农业生产、农产品加工、贮藏、保鲜、销售等，可以使农业生产实现经济效益、社会效益和生态效益的有机统一，达到高产、优质、高效、生态、安全的目的。为此，农业技术指导员应了解农业标准化与安全生产的基本概念，熟悉农业生产标准体系、农业质量监督检测体系、农业质量认证体系、农业标准化基地建设、农业市场准入制度等基础知识，掌握安全食用农产品、无公害农产品、绿色食品与有机食品概念的区分，同时，还要学会无公害农产品、绿色食品与有机食品认证知识，在此基础上把握农产品生产过程控制技术、化肥的施用与控制、农药的施用与控制、收获过程的控制、加工、包装与贮存、运销等环节的控制技术，确保农产品安全。

（五）果品蔬菜贮藏保鲜技术

果品蔬菜等鲜活农产品贮存期较短，自然贮存易霉烂变质，影响其自身品质和商品价值。通过贮藏保鲜方式，可延长其贮存期，增加自身商品价值。贮藏保鲜的方式很多，分类的依据不同，类别的区分方式各异。因此，农业技术指导员在了解和运用农产品一般自然贮存技术和方法的基础上，还要掌握果品蔬菜常温贮藏、机械冷库贮藏、气调贮藏保鲜、减压贮藏等技术以及果品蔬菜贮藏的辅助措施。

二、实践技能应用知识

（一）农业技术推广知识

农业推广活动是伴随着农业生产活动而发生、发展起来的一项专门活动。农业推广已成为农业和农村发展服务的一项社会事业。我国实施"科教兴国"战略后，要求我们要重视农业推广的客观规律，并将行为学、传播学、心理学、社会学等理论研究成果，运用到农业推广理论与实践中，形成具有中国特色的农业推广学。农业推广学侧重于实际工作应用，掌握运用好农业推广学理论知识，有助于自身推广技能的培养。为此，农业技术指导员在了解狭义农业推广、广义农业推广、现代农业推广、农业科技成果转化、农业技术开发、农村教育和农村发展等基本概念基础上，应重点掌握如下知识：影响农民个人行为改变的动力、阻力和策略、农民群体行为改变的规律和方式、影响农民行为的方法、改变农民行为的基本策略、农业创新扩散理论、农业推广沟通理论、农业推广程序、农业推广方式、农业推广方法、农业推广试验与示范、农业推广体系、农业推广组织类型、农业推广组织管理、农业推广工作评价等。

（二）信息采集处理应用知识

信息是自然界和一切人类活动所传达的信号和消息。农业信息是与农业生产、农产品流通和消费有直接或间接影响作用的信息。掌握和运用和农业信息，可以极大地提高农业生产效率和农业生产力水平。所以，农业技术指导员应了解信息及农业信息的特点、农业信息传递分类，重点掌握农业信息采集、农业信息发布知识，培养自身信息处理应用技能，并将获得的信息及时准确地运用到农业推广活动中。

（三）现代媒体网络应用知识

计算机技术的迅速发展，已使它不仅成为科学研究、数据处理、工业控制、企业管理和通信技术等领域不可缺少的工具，而且正向农业生产和农村经济发展领域渗透。掌握信息网络和计算机知识，熟练运用现代办公、通信、信息工具和渠道，已成为农业技术指导员的基本素质。因此，必须掌握计算机基础知识，并利用互联网、农经信息网，进行农产品供求信息发布、农业技术咨询、技术培训、网上交易以及电子商务等。

另外，还要掌握电话、电视、电脑等不同媒体资源，特别是近年来农业部推广的"三电合一"媒体技术，开展农业技术推广服务，推进农业科技成果转化。

三、相关政策与法律、法规知识

农业技术指导员在掌握以上专业基础知识和技能知识的同时，还应掌握有关农业政策和法律法规知识，作为开展农业技术指导的政策和法律保障。

农业技术指导员应掌握以下农业政策和法律法规知识：

（1）促进农民收入增长的政策；

（2）推动农业可持续发展政策；

（3）社会主义新农村建设政策；

（4）推进现代农业发展政策；

（5）《中华人民共和国农业法》的相关知识；

（6）《中华人民共和国农业技术推广法》的相关知识；

（7）《中华人民共和国种子法》及其配套法规知识；

（8）《农药管理条例》及其实施细则的相关知识；

（9）《植物检疫管理条例》及其实施细则的相关知识；

（10）《中华人民共和国农产品质量安全法》及相关知识。

第二章　主要农作物栽培与植保知识

第一节　作物的分类与产量

一、作物的概念

广义：是指对人类有利用价值，为人类栽培的各种植物（地球上植物有 40 多万种，被利用的植物有 2 500～3 000 种）。

狭义：是指农作物，目前主要栽培的作物有 90 多种，我国有 50 多种（粮、棉、油、糖、麻、烟、茶、桑、果、菜、药、杂，统称为"庄稼"）。

二、作物的分类

（一）按用途和植物学系统分类（四大部门九大类别）

1. 粮食作物

（1）禾谷类作物：主要是禾本科植物。如小麦、大麦、燕麦、黑麦、稻、玉米、谷、高粱、黍类等。

（2）豆类作物：主要是豆科植物。如大豆、豌豆、小豆、绿豆、蚕豆、豇豆、菜豆、小扁豆等。

（3）薯、芋类作物（根茎类作物）：如甘薯、马铃薯、山药芋、木薯等。

2. 经济作物（工业原料作物）

（1）纤维作物：棉花、麻类（大、苘、红、黄、亚麻等）。

（2）油料作物：花生、油菜、芝麻、向日葵、红花、蓖麻。

（3）糖料作物：甜菜、甘蔗、甜叶菊。

（4）其他作物：烟草、茶叶、薄荷、咖啡、啤酒花等。

3. 绿肥及饲料作物

田菁、苕子、苜蓿、草木樨、沙打旺等。

4. 药用作物

人参、枸杞等。

随着农业的发展和市场经济的需要，越来越多的野生植物被栽培利用，已栽培作物的用途愈加广泛（棉花：油用、纤维用、三合板等），因此分类不是绝对的，随着发展应有所变化。

（二）按生物学特性分类

1. 根据对温度的要求分类

（1）喜温作物：生长适温 20 ~ 30℃，我国多数地区气候温暖，故喜温作物是农业生产的主体。①温凉型：如大豆、谷子、甜菜等。②温暖型：如水稻、玉米、棉花、甘薯。③耐热型：如高粱、花生、烟草、苜蓿。

（2）喜凉作物：生长盛期适温 15 ~ 20℃，可以忍耐冬春低温。①喜凉耐寒型，如冬小麦、黑麦、大麦、豌豆等。②喜凉耐霜型，如春小麦、大白菜等。

2. 根据对光照的要求分类

（1）长日照作物：每天日照长度超过某小时才开花结果的作物，如小麦、大麦、黑麦、豌豆等一些秋播作物（南移开花推迟）。

（2）短日照作物：每天日照长度短于某小时才能开花结果的作物，如大豆、棉花、玉米、高粱、甘薯（春播）。

（3）中性作物：对光照长短不敏感，如番茄、四季豆、黄瓜及水稻、棉花、烟草、花生的某些品种。

（4）喜光作物：大多数作物喜光，光弱不能正常生长发育。

（5）耐阴作物（不是绝对的）：叶菜类、萝卜、辣椒、菜豆等作物，光照较弱时仍能生长良好。

3. 根据作物对水分的要求分类

（1）耐旱怕涝作物，谷子、甘薯、花生等；

（2）耐旱耐涝作物，高粱、田菁等；

（3）避旱涝型，生育期较短的作物；

（4）中间水分型，既不耐旱，也不耐涝，如大豆、玉米、小麦、棉花等；

（5）喜湿润型，如旱稻、烟草、叶菜类；

（6）喜水耐涝型，如水稻、苜蓿、黄麻、田菁等。

（三）按栽培特性分类

分春播（早春、晚春）、夏播、秋播作物，夏收、秋收作物。

另外，根据作物对 CO_2 同化途径的特点，将作物分为 C_3 作物（光合最先形成的中间产物是带 3 个 C 原子的磷酸甘油酸）和 C_4 作物（光合最先形成的中间产物是带 4 个 C 原子的草酰乙酸等双羧酸）。

三、作物的产量

（一）作物的产量

包括生物产量和经济产量两部分。生物产量：指在生育期间生产和积累的有机物的总量（一般不包括根），在组成作物躯体的全部干物质中，有机物质占 90% ~ 95%，矿物质占 5% ~ 10%，因此，光合作用形成的有机物质的生产和积累是农作物产量形成的主要物质基础。经济产量：栽培目的所需要产品的收获量（即一般所指的产量）。经济系数：生物产量转化为经济产量的效率。经济系数 = 经济产量/生物产量。经济产量可以是生殖体（籽粒、荚果、果实），也可以是营养体（根、茎、叶）。

小麦 500 千克的籽粒产量，必须有 1 000 千克的生物产量为基础，但 1 000 千克的生物产量不一定有 500 千克的籽粒产量。生物产量高是高产的基础，经济系数高是高产的必要条件。决定经济系数的因素：

（1）与所利用的产品器官有关：以营养器官为产品的作物较高，如薯类 0.75～0.85，以生殖器官的一部分作为产品的作物较低，如禾谷类、豆类等，小麦 0.3～0.4，水稻 0.5，大豆只有 0.3。

（2）与收获产品的化学成分有关：以碳水化合物为产品的较高，以含脂肪、蛋白质为产品的较低。

（3）同一作物和同一品种，经济系数还决定于栽培条件和栽培水平。

（二）作物产量的构成因素

作物产量 = 生物产量 × 经济系数 = ［（光合面积 × 光合能力 × 光合时间）－呼吸消耗］× 经济系数，称为光合性能的五个方面。

作物产量是由单株（个体）产量和单位面积株数（群体）来决定的，如小麦产量 = 亩穗数 × 穗粒数 × 千粒重/1 000，棉花 = 亩株数 × 株铃数 × 铃重 × 衣分，花生 = 亩株数 × 单株果数 × 果重

四、提高作物产量的途径

1. 提高光能利用率

（1）确定适宜的种植密度：采用合理的栽培措施，加强田间管理，保证群体适宜，使叶面积系数保持较高水平，维持较长时间，促进光合产物的积累和运转，当提高密度对于物质的积累有利，经济系数最高时，产量最高。

（2）充分利用生长季，安排好茬口，如套种、间作、育苗移栽、地膜覆盖等。

（3）采用高光效品种，选用株型紧凑，适当矮，光合能力强，呼吸消耗低，光合时间长、叶面积适当的品种。

采用提高光合效率的直接措施：抑制光呼吸，CO_2 施肥，增施有机肥。

2. 排除"障碍因素"，安全生产：盐碱地、涝洼地改造等。

3. 补助"营养限制因素"，发挥作物生产能力："光、温、水、气、肥"等。

第二节　水稻的栽培与植保技术

一、稻田机械耕整技术

稻田机械耕作是水田栽培机械化的基本环节，包括耕翻、碎土和平田 3 项作业。其作用是耕翻土壤，疏松土壤，积蓄水分和养分，改善土壤结构，覆盖杂草和肥料，消灭病菌、害虫，为水稻播种或插秧创造良好的土壤条件。

（一）稻田机械耕地的农业技术要求

稻田机械翻耕的农业技术要求，一般有下列几个方面。一是耕深一般为 16～20 厘米，耕深均匀一致。二是翻垡良好，无重耕、漏耕现象。三是覆盖严密，能将残茬、杂草及肥料等完全翻入底层。四是稻茬地和麦茬地，耕后垡块要窄，以利断条碎土，有利架空晒垡，垄沟小，地表平，地头整齐。五是冬闲田要求断条架空良好，以利通风透气和晒垡，使土壤风化疏松。

（二）稻田机械耙地的农业技术要求

一般有下列几个方面。一是耙深适当，一般为 10～16 厘米，耙深均匀一致。二是地面平整，不拖堆，不出沟。三是碎土充分，表土松软，土肥混合均匀。四是覆盖，灭茬起浆良好。

（三）稻田耕作机械

1. 南方水田系列犁

我国水稻整地以犁耕为主，可采用铧式犁、栅条犁、双向犁、组合犁及圆盘犁等进行翻耕，其中以铧式犁的应用最为广泛。

2. 旋耕机

旋耕机是一种由动力驱动的耕作机械，利用刀轴上刀片的旋转和机组的前进运动，对未犁耕或已犁耕的田地进行耕耙作业。

其特点是，碎土能力强，耕后表土细碎，地面平整，土肥混合均匀，一次作业能达到一般耕耙的效果。虽然旋耕机在耕深和覆盖质量方面不及铧式犁，但已逐渐成为南方稻区稻田耕作的主要农机具之一。用于犁耕后耙地，水稻插秧前水耕水耙，双抢季节以旋代耕和秋耕稻茬田种麦等。

3. 南方水田系列耙

犁耕以后均需耙地，耖耖，可用旋耕机、刀齿耙、水田耙、耖耖机和平土器等进行。

南方水稻田系列耙较原有各地水田耙更能满足耕作要求，碎土、覆盖、平整与起浆等性能良好，也是稻田耕作的主要配套农具之一。适于水田犁耕后耙地，双季稻地区不脱水不耕翻的早稻茬田以耙代耕以及原浆田的轧田作业。

4. 耕耙犁

在双抢季节使用旋耕机进行耕作，虽然可以提高功效，及时栽插。但是耕深较浅，覆盖质量差，尚不能满足我国精耕细作的农艺要求。为此，又研制了一种新型稻田耕作机械耕耙犁，为稻田的耕耙联合作业提供了新的途径。耕耙犁在结构上将铧式犁和旋耕机工作部件组成一体，综合了二者的优点，具有耕得深，盖得严，碎得透，功效高，能一次完成耕耙作业的优点。同时，也减少了拖拉机下田次数，从而减轻拖拉机对土壤的压实程度和对犁底层的破坏作用。主要用于水田和旱地耕作，并适应于绿肥田，能将绿肥切断，与碎土层搅拌均匀，有利于绿肥腐烂和均匀土壤肥力。但是，目前生产的耕耙犁还存在一些问题，如结构复杂、重量大、耕沟较宽和不利于平整等，有待于进一步改进。

（四）提高稻田机耕作业质量的主要途径

1. 合理选择机械耕作方式

稻田机械耕作方式对土壤结构和土壤肥力有一定的影响。合理的耕作方式有利于熟化土壤，创造疏松、深厚的耕作层，改善土壤结构，提高土壤肥力，促进水稻的生长发育；反之，则会使耕作层变浅，犁底层增高，青泥层出现，土壤发僵，养分释放迟缓，土壤肥力降低，对水稻的生长发育不利。因此，必须根据当地耕作习惯、农艺要求、农时季节、茬口安排以及机械设备等合理地选择机械耕作方式，并且注意在保证耕作质量的前提下，尽量减少拖拉机下水田作业的次数。

我国水稻产区的绿肥田、稻板田、休闲田等，采用的机械耕作方式有：犁耕—旋耕—水耙，旋耕—犁耕—水耙，耕耙联合作业—水耙，旱耕—水耙，旱耕—旱耙—水耙等。这些方式都能够基本上满足各地区稻田精耕细作的农艺要求，为水稻的生长发育创造良好的土壤条件。在三熟制地区的秧田，早稻茬田以及晚稻茬冬种地等，一般采用以旋代耕或以耙代耕的方式，这些方式耕深较浅，覆盖质量较差，影响水稻根系的正常发育，不利于消灭杂草和防除病、虫害。如果使用旋耕机，以旋代耕操作不当，会使土壤团粒结构严重破坏，土粒高度分散，土壤板结，影响水稻分蘖发棵。如果连续多年只用旋耕机耕作，会造成水稻减产。所以，不能持续以旋耕代替犁耕，旋耕和犁耕应该交替进行。

2. 因地制宜采用耕作机械

由于我国水稻产区土壤质地、耕作制度以及作物种类不完全一样。因此，对耕作机械的要求也不相同。必须根据各种机械的用途、工作性能和适应范围等，因地制宜地采用适合本地水稻生产特点的耕作机械，保证水稻高产稳产。

耕作机械技术状态的好坏，直接影响到耕作质量和作业效率，必须予以足够重视。为此，在每季作业开始前和作业期间，都应该对耕作机械的技术状态进行仔细的检查与调整，定期维修或更换配件。

3. 掌握土壤适耕性，适时耕翻，抢晴晒垡

土壤适耕性与土壤质地、结构和含水量有关。在含水量适合时，土壤塑性不明显，适耕性最好，耕作阻力小，作业效率高，土垡容易破碎，不会形成大的垡条。为此，机械耕作必须适时，

土壤含水量适度时以旱耕为主，避免滥耕滥耙，做到干耕不起坷垃，湿耕不现泥条。

耕后晒垡，可以促进土壤熟化疏松，改善土壤理化性质，释放养分，提高土壤肥力，有利于整地。因此，水稻田在前茬收获后，在时间较充裕的情况下，根据机械条件及时进行犁耕、抢晴晒垡是十分重要的。

4. 因土深耕，逐渐加深耕作层

深耕可以熟化土壤，加深耕作层，改善土壤理化性状，调节土壤中水分、空气和温度，为土壤微生物活动和养分转化创造条件，并有助于消灭杂草和防除病、虫害。机械耕作能够加深耕作层，但必须因土壤、因作物制宜，逐步加深耕层，不是越深越好，防止把生土翻上来，造成肥力下降。同时，还要巧施有机肥料，改良土壤。

5. 灌水适量，以利于整地

水耙时，必须在田里灌适量的水。若灌水过深，因看不清泥上地面而不易耙平，灌水过浅，易拖堆，土块不易耙碎，影响作业质量。根据实践经验，水深以淹没垡片的一半为宜。灌水应提前几天，这样土垡浸水后，水分进入土粒间形成水膜，使土粒间的距离增大，降低了土粒的黏结力，有利于耙碎土垡，提高整地质量。

二、育秧技术

（一）露地湿润育秧

大多应用于中稻、一季晚稻和双季晚稻，是我国水稻生产中最主要的育秧方式。主要技术要求如下。

1. 选择适合的秧田，精细整地

秧田应选排灌方便、土质松软、肥力较高、杂草少和无病源的田块。秧田宜干耕干整，先开沟做畦，畦宽约150厘米，沟宽约20厘米，沟深约15厘米。畦面达到"上糊下松、沟深面平、肥足草净、软硬适中"的要求，这样的秧田通气性好，透水性强，有利于根系生长，育成壮秧。

2. 秧田要施足基肥，精细播种

早、中稻秧田一般施用腐熟优质厩肥或人粪尿 10～15 吨/公顷，或施用硫酸铵或碳酸铵 225 千克/公顷作氮素基肥，结合耕地时施下；基肥还须施用过磷酸钙 450 千克/公顷，氯化钾 150 千克/公顷，在整畦前施下。晚稻育秧期间气温高，可少施或不施基肥。同时，注意播种质量，分畦定量播种，播后塌谷。

3. 根据芽期、幼苗期和成苗期的秧苗生长特点，精细管理

从播种至第一完全叶展开之前为芽期。此时秧苗耐低温能力较强，供氧好坏是影响扎根立苗的关键。采用"晴天满沟水、阴天半沟水、雨天排干水、烈日跑马水"的灌水技术，保持秧板土壤湿润和供氧充足。如出现霜冻、大风、暴雨等特殊天气，应暂时灌水护芽，风雨过后再排水晒芽。连作晚稻播种时气温高，为防止秧板晒白，晴热天可在傍晚灌跑马水，次日中午前秧板水层渗干，切忌秧板中午积水，造成高温烫芽。

（二）地膜（薄膜）保温育秧

大多应用于早播早插的绿肥茬早稻。地（薄）膜有显著的增温保温效果，盖膜方式有搭拱形架覆盖和平铺覆盖两种。搭架覆盖，膜内温度、湿度均匀，秧苗生长整齐，覆盖时间长。盖膜后秧苗管理可分 3 个时期。

1. 密封期

从播种至一叶一心，要密封保温，创造一个高温高湿环境，促使芽谷迅速扎根立苗。膜内适宜温度为 30～35℃，如果超过 35℃，则两端暂时揭膜通风降温。密封期只在沟中灌水，水不上秧板。

2. 炼苗期

从一叶一心至两叶一心为炼苗期，膜内适宜温度为 25～30℃，温度过高要通风炼苗，以防秧苗徒长。一般晴天上午在膜内温度接近适宜温度，气温在 15℃以上，便可采取逐日扩大通

风面积，逐日延长通风时间的炼苗措施，使秧苗逐渐适应外界自然条件。通风时要先灌水上秧板，避免水分失去平衡而死苗，下午气温转低时重新盖膜保温。

3. 揭膜期

三叶期以后当日平均气温稳定在15℃左右，日最低气温在10℃时，便可揭膜。一般选择气温较高的阴天或晴天上午将膜完全揭去，揭膜前先灌深水，揭膜后即按一般湿润秧田的技术措施管理。

（三）温室育秧

温室育秧省种、省工、省秧田，有利于实现工厂化育秧和机插作业。一般在温室内培育7天左右，苗约10厘米高和2片叶时移栽。温室可用旧房改装，也可用薄膜搭成棚架，以能密封、保温、调湿、侧面和顶部透光为原则。室内搭秧架，放数层秧盘，层距25厘米左右，秧盘长方形，大小要便于搬运或适合与机插配套，可用塑料盘或其他代用品。育秧管理过程可分为3个阶段。

1. 竖芽期

从播种至现青，约需2.5天，控制室温在35～38℃，空气相对湿度95%以上，保持高温、高湿，促使发芽整齐。

2. 一叶期

从第一完全叶伸出至全展开，约需3天。随着第一叶伸展，次生根迅速增多伸长，交错盘结，故又称一叶盘根期。温度要先高后低，一叶初展期室温保持在32～35℃，初展后逐渐降低至30℃左右。空气相对湿度保持在80%左右，以秧尖有露珠为宜。

3. 二叶期

第二完全叶伸出至全展，约需2天。此时宜保持室温25～28℃，空气相对湿度70%以上，并注意秧盘上下调位，增强光照，以利于叶片形成叶绿素和提高光合能力，促使绿化。苗长至两叶一心，高8～9厘米时，将秧苗整块移至室外，在有水层的稻田上寄放 1~2 天，待秧根向下伸展后，即可移栽。

三、移栽技术

（一）培肥

水稻田土由于形成发育的母质不同，环境条件各异，耕作历史不一，肥力水平也不同。如有的地下水位过高，土质冷凉，有效养分不能释放；有的土层浅薄，漏水漏肥；还有些受盐碱危害。这些不同障碍因素，都直接影响水稻产量的提高。应特别指出的是水稻产量依靠地力的程度，比其他禾谷类作物大得多。因此，改造低产田，培肥地力，是保证水稻稳产高产的重要环节。

1. 增施有机肥料

增施有机肥料可直接为水稻提供各种丰富的营养，又能通过微生物分解作用产生腐殖化作用，合成土壤腐殖质，改善土壤理化性状和结构，增加土壤胶体数量和品质，提高土壤保肥保水作用。同时，还可活化土壤中部分迟效性磷、钾肥和产生对水稻生长有用的生理活性物质。一般采用增施农家肥，稻草切碎直接还田或过圈还田。在白叶枯病疫区可把稻草与人、畜粪尿高温沤制还田，可以消灭菌源。

2. 翻压绿肥绿

富含有机质及各种营养元素，绿色植物的枝叶又容易分解，肥劲快，肥效高。所以是良好的肥源。无霜期长的地区，可以种植绿肥和利用前作的秸秆直接翻压。也可种植槐叶萍（细绿萍），1 000千克鲜萍，约相当于 10 千克硫铵的肥效，而且还有改良土壤，增加有机质的作用。此外，山区稻农可利用野生资源，割青沤制绿肥，值得广为提倡。

3. 深耕

深耕结合施有机肥是培育肥沃水稻土的重要技术措施。它能加厚耕层，改善土壤结构和耕性，促进微生物活动，增加土壤熟化过程。深耕可以打破紧实的犁底层，增加土壤通透性，改善土壤水、气、热状况。各土层间的肥力因素互相交换加强，扩大水稻根系吸收范围，为水稻地上部生长奠定良好基础。

4. 排水改良

地下水位较高的地块如平原涝洼地或山间谷地，土壤终年受潜水浸渍影响，呈强烈的还原状态，而且质地黏重，土壤正常生物循环受阻，潜在肥力得不到发挥，对水稻生育产生一系列不良影响。因此，开沟排水，提高地温，增加通透性，才能彻底改造。

5. 客土通过客土，解决漏水、漏肥问题和改善沙地性状

（二）泡田洗盐碱

对一些滨海盐渍区和内陆苏打盐碱区来说，土壤的矿化度高，土壤含盐量较多，冬季冻土积盐，春季随蒸发量增加，盐碱含量上升。因此，必须泡田洗盐碱。具体做法是：①在渠系布置上单灌单排，不泡老汤，不串灌。各地块独自灌排。②春季泡田要早，每次泡田 2～3 天，水层要没过垡块，搅水洗盐碱，然后迅速排水，不留尾水。排后再换新水，反复 2～3 次。最后 1 次应提倡机械水耙地。③洗碱后复水要充足，防止落干，以防盐碱复升。一般应施用生理酸性肥料后带水插秧，深水缓苗，压盐压碱。定期换水，不靠老汤。

（三）防止水田土壤次生盐渍化

次生盐渍化是由于耕作技术不合理造成的。解决水田土壤次生盐渍化的办法，一是通过农田基本建设合理布置灌排渠系，特别是讲究排水，增加土壤的渗透能力，降低地下水位。不合理的灌溉可以抬高地下水位积盐，这是造成次生盐渍化的主要原因。二是要平整土地，防止高处返碱，低处窝碱的现象。三是北方稻区降水少，蒸发量大，溶在水中的盐容易在土壤表层积聚，"盐随水来，水化气散，气散盐存"。因此，要提倡秋耕，破坏土壤毛吸现象，防止和减少水分散发。同时截留雨雪，增加溶盐的排渗。四是严把灌溉水质。引自江河湖泊及地下的水，要符合灌溉水标准，防止把盐源引进灌区。五是增施有机肥料，增加土壤溶

液的缓冲能力，通过土壤代换方式转化有毒盐害，达到消除和减轻有毒盐类集聚的目的，防止水田土壤次生盐渍化的发生。无机肥料的施用，要防止大量施用含氯肥料。已经改良而地处盐碱地区的水田，要注意施用生理酸性肥料。六是秋季有积碱过程，要早翻晒垡，只翻不耙。七是经济合理施肥，最好做到化肥深，适当增磷肥、钾肥、锌肥。

（四）插秧

1. 确定插秧适期

适时早插（指在插秧适期范围内早插秧）能促进早生快发，延长水稻营养生长期。尤其是生育期较长的品种，更能得到充分的生长发育，在壮秧稀植的情况下，也能取得足够的分蘖，充分利用较长的光照时间，干物质积累多，叶鞘生长充实，产生的分蘖大，茎秆粗壮，为幼穗分化创造良好条件。适期早插秧，出穗期能相应提前，使灌浆成熟期延长，以保证安全成熟，且穗大粒多，籽粒饱满，千粒重高，容易高产。适时早插应与稀播培育壮秧及合理稀植等措施结合起来，才能获得更高产量。

北方稻区确定插秧适期主要依据是：

（1）根据安全出穗期 水稻安全出穗期间的气温以 25～30℃最适宜，超过 35℃和低于 21℃对开花授粉不利。出穗后要有足够的有效积温保证安全成熟。根据上述要求和多年生产经验，一般北方稻区安全出穗期都在 8 月上中旬的高温季节。

（2）插秧时的温度条件 北方稻区水稻品种因地域广，南北跨度大而有所不同，品种的抗寒能力，育苗方式，秧苗素质也不同，因此插秧早晚各异。耐低温性能和水稻根系发育起点温度是决定插秧早晚的条件。一般情况下，水稻根系生长的最低温度为 14℃，泥温为 13.7℃，叶片生长温度为 13℃。要在稳定通过根系生长起点温度后开始插秧。先插旱育壮秧（13℃），再插湿润育苗秧（14℃），最后才插水育苗秧（15℃）。

（3）要保证各阶段有足够的生长期 要保证早期有足够的

营养生长期，中期有足够的生殖生长期，后期有一定的灌浆结实期。要根据当地主栽品种的生育期及其所需积温量安排插秧期。

2. 移栽方法

水稻移栽方法大体有两种：一种是机械插秧，另一种是人工手插秧。机械插秧依动力方式分为两种：一是以人为动力的半机械化手动插秧机插秧，二是以机械为动力的动力插秧机插秧。机械插秧效率高，手动插秧机比人工手插快 2~3 倍，动力插秧机比人工手插提高 20 倍以上。机插秧可以减轻劳动强度，保证农时。

随着轻简农业的发展，水稻移栽的方式，除插秧外，又推广了抛秧栽培和乳苗抛栽等移栽方法，比手插秧提高效率 3 倍以上。

从节水栽培看，有旱育苗、旱整地、开沟旱栽，栽后覆土灌水；同是秧盘旱育苗，有机械插秧、人工插秧、抛秧和手摆秧等移栽方式。各地区应根据实际条件和人力、物力、财力情况，因地制宜地应用成本低、效率高、不误农时的适宜的移栽方法。

3. 确定适宜插秧密度

适宜的插秧密度是水稻获得高产的中心环节。生产上要求，个体与群体都要发挥得好，建立高光效群体结构，以充分利用光、热、水分、养分、二氧化碳等环境条件，实现稳产高产优质高效的目的。

根据当地生产生态条件，施肥水平，土壤状况，品种特性，机械化程度，劳力多少，栽培水平，水源条件及秧苗素质，移栽时间和历年病虫害发生为害程度，参考产量指标等因素，综合分析，从中选出适应不同地区、地段和田块的最佳插秧形式，再根据插秧形式确定合理密度。插秧密度的确定应因地制宜，切不可搞盲目随意和有悖客观规律的一刀切做法。

四、病虫害防治技术

（一）水稻恶苗病

水稻恶苗病又称徒长病、公稻子，是水稻常年发生的病害。

从苗期到抽穗期均可发生。对作物产量影响很大，必须作为常规措施防治。

【病原】 无性态串珠镰孢菌（*Fusarium moniliforme* Sheld）属半知菌亚门。

【田间症状】 水稻播种后就可发病，幼苗发病，苗纤细，色浅，徒长，根部发育不良，根毛数少。枯死苗近地面部分生有淡红色或白色粉状物。有的苗期不显症状，成株期发病，病株细长，分蘖少，叶片及叶鞘亦呈淡黄绿色，节间长而节部弯曲，根部发育不良，多从下部节上倒生许多不定须根。多数于孕穗期枯死，少数虽能结实，但穗小而粒也小，多为秕粒。枯死病株茎秆上亦密生淡红色或白色粉状物。

【侵染循环和发病条件】 种子带菌。病菌分生孢子借风、雨传播引起再侵染。种子带菌率高、种子受伤、弱苗、浸种不彻底、发病重。

【防治】 种子消毒和种子包衣是防治恶苗病的关键。同时，建立无病留种田、处理病稻草、及时拔除病株、防止稻苗根部和种子受伤也是防治的有效措施。药剂防治配方如下：

（1）100 千克稻种用 25% 咪鲜胺乳油 25 毫升 + 0.136% 碧护 20 克，加水 100～120 千克，浸种 5～7 天，平均水温 11～12℃。

（2）100 千克稻种用 0.25% 戊唑醇悬浮种衣剂 2～2.5 千克，加水 1～1.2 千克，进行种子包衣。包衣后用 2 天晾干，然后清水浸种。

（二）水稻立枯病

立枯病是寒地水稻旱育秧苗床常见病害。该病常引起秧苗成片枯死，以至全苗床毁苗。

【病原】 禾谷镰孢菌（*Fusarium graminearum* Schw）、尖孢镰孢菌（*Fusarium oxysporium* Schelcht）、木贼镰孢菌（*Fusarium equiseti* Sacc.）、串珠镰孢菌（*Fusarium moniliforme* Sheld）、茄腐镰孢菌 [*Fusarium solani*（Mart.）App. et Wr.] 和立枯丝核菌

(*Rhizoctonin solani* Kuhn) 等，属半知菌亚门。此外，还有腐霉属少量的真菌。

【田间症状】 芽锥浅黄色，严重时第一真叶未展开就枯死。被害株叶片卷缩如针状，叶色由浓绿变为灰绿，进而变成黄褐色枯死。秧苗茎基部和周围土壤上长出粉红色或白色的霉层。用手提拔病苗从茎基断裂。病株根色变黄，进而变褐而腐烂。

【侵染循环和发病条件】 镰孢菌和丝核菌在寄主病残体和土壤中越冬。低温、阴雨、光照不足是发病的重要因素，持续低温或阴雨后暴晴，土壤水分不足，幼苗生理失调，常导致病害急剧发生。种子质量和生活力差，床土黏重、偏碱，播种过早、过密，覆土过厚以及施肥、灌水和通风等管理不当，都有利于立枯病的发生。

【防治】 水稻立枯病是由多种病原菌侵染引起的，其中引起水稻立枯病的镰孢菌和立枯丝核菌在土壤中普遍存在，营腐生生活，这些菌的数量或侵染力常受到环境条件及土壤中拮抗菌数量的影响，但主要与水稻幼苗在不良条件下生长衰弱、抗病力低有关。凡不利于水稻生长和削弱幼苗抗病力的环境条件（气候异常、床土黏重或偏碱性、苗期管理不当等条件），均有利于水稻立枯病的发生。为此，土壤调酸、药剂消毒和加强栽培管理是防治的关键。

（1）土壤调酸和消毒。床土调酸和消毒是旱育秧苗预防立枯病的主要措施。摆盘前一天，每100平方米苗床浇喷1%浓硫酸液（1千克硫酸加100千克水）300千克，使苗床pH为4.5~5.5。调酸后过5小时进行土壤消毒，每平方米用30%恶霉灵3~4毫升或30%甲霜·恶霉灵水剂3毫升对水3千克浇施。

水稻1.5~2.5叶期，用pH 4.0~4.5酸水结合30%恶霉灵每平方米3~4毫升对水3千克，各喷施一次；或3%甲霜·恶霉灵水剂，每平方米15~20毫升对水3千克，或30%甲霜·恶霉灵水剂，每平方米1~1.5毫升对水3千克，茎叶喷雾。使用甲霜·恶霉灵水剂应大水量喷雾，可将药液淋入土壤中，达到土壤消毒的目的，同时可提高对水稻秧苗的安全性。

（2）精选种子，控制催芽温度。精选种子，浸种前要认真晒种，提高种子生活力和发芽率。浸种、催芽温度应稳定在10℃以上。

（3）加强栽培管理，培育壮苗。按"三化"栽培技术要求严格进行：置高床，适期播种，播量适中，不能过密，严格温、湿调控，强化通风炼苗，安全使用除草剂，合理施肥和灌水，不可盲目多次使用植物生长调节剂等。

苗床施肥：每100平方米施有机肥（酵素有机肥）200～250千克，尿素2千克，磷酸二铵5千克，硫酸钾2.5千克，肥料粉碎均匀施在苗床上并耙入土中0～5厘米。

（三）二化螟

二化螟（*Chilo supperssalis* Walker）属鳞翅目螟蛾科，又名钻心虫、蛀秆虫。主要发生于华中、华东各省及华北和东北地区。二化螟除为害水稻外，还为害小麦、玉米、油菜等作物。近年来随着气候变暖的影响，南虫北移现象较普遍，在黑龙江二化螟发生有加重趋势。

【田间为害状】二化螟主要以幼虫为害，幼虫钻蛀稻株，取食叶鞘、穗苞、茎秆等，常造成枯心和白穗，对产量有较大影响。

【发生规律】二化螟发生代数随不同地区温度的影响而异，东北地区每年发生1～2代，黑龙江省每年发生1代。以幼虫在寄主根茬或茎秆中越冬，春季幼虫转移到土面根茬或杂草上，找合适的场所化蛹，哈尔滨地区羽化出成虫的时间为7月中旬，7月下旬开始产卵于水稻上，卵期6～8天，卵孵化后以二龄幼虫蛀入稻株为害，直到水稻收割，以老熟幼虫越冬。

【防治】

（1）农业措施。秋翻地，春季及早深水泡田，消灭二化螟越冬场所，减少虫源。及早拔除被害植株，以防转株为害。

（2）药剂防治。此虫为钻蛀性害虫，防治幼虫的关键时期是在幼虫钻蛀茎秆之前，及时喷药。防治成虫可于产卵高峰期用黑光灯、频振式杀虫灯诱杀，杀虫灯可呈一定角度挂于田间或放在水稻秸秆垛周围。

防治指标：当每公顷有枯鞘团900个以上，枯心率或枯鞘率5%以上，应全田进行药剂防治。

防治用药：50%杀螟磷乳油1 125～1 500毫升/公顷、40%毒死蜱乳油1 125～1 500毫升/公顷、50%杀螟丹可溶性粉剂1 125～1 500克/公顷、80%敌敌畏乳油1 125～2 250毫升/公顷，对水喷雾，防治幼虫。

（四）稻螟蛉

稻螟蛉（*Naranga aenescens* Moore）属鳞翅目夜蛾科，又名双带夜蛾，俗名量步虫、稻青虫、青尺蠖。我国各水稻产区均有发生。稻螟蛉以幼虫食害水稻叶片，造成减产。

【田间为害状】一龄至二龄幼虫将叶片食成白色条纹，三龄后将叶片食成缺刻，使叶片残缺，严重时将叶片咬成破碎状。

【发生规律】在东北一年发生2～3代，以蛹在杂草中及田间散落稻草叶苞中越冬，少数在稻草或稻秸中越冬。黑龙江省一年发生2代，第一代成虫在稻田发生较少，第二代幼虫多在水稻生育后期发生为害，对水稻影响不大，但若发生早或发生量大，对水稻生长有一定影响。

【防治】幼虫初龄期进行药剂防治，使用药剂见二化螟防治。

第三节　玉米的栽培与植保技术

一、玉米栽培技术

（一）整地

1. 春玉米整地及时灭茬深耕，早春耙耢保墒。

2. 夏玉米整地麦收后抢时、抢墒整地，浅耕、耙耢；或铁茬播种后再中耕松土。

（二）播种

1. 选用优良杂交种正确选用良种是高产的重要环节。要选用纯度高、紧凑型的高产杂交种，选种时要因地因时而异（掖单2号，掖单13，鲁10，西玉3号）。

2. 精选种子制种田生育期间和收获时进行去杂去劣，脱粒后精选种子，选大粒饱满的种子作种。对选过的种子还要做发芽试验，一般要求发芽率在90%以上。

3. 种子处理在播种前为增加种子活力，提高发芽势和发芽率，减轻病虫害，常要进行以下种子处理：

（1）晒种：土场上连续暴晒2~3天。

（2）浸种：冷水浸12小时，温水（55~57℃）浸6~10小时，土壤干旱时不易浸种，以免"回芽"。

（3）药剂拌种：0.5% $CuSO_4$ 浸种（减轻黑粉病），50%辛硫磷乳油拌种（防地下害虫）。

4. 春玉米播种技术

（1）播期：华北地区一般在土壤表层5~10厘米，地温稳定在10~12℃播种为宜，东北地区则以8~10℃开始播种。山东一般在4月中下旬播种，东北地区则在5月上中旬播种。

（2）足墒播种是全苗的关键，田间持水70%为宜。

（3）播量：因种子大小、生活力、种植密度、种植方式和栽培目的而异。一般条播每亩4~5千克，点播2~3千克。

（4）播深：5~6厘米，深浅一致。土壤黏重、墒情好时，应适当浅些4~5厘米；反之，可深些，但不宜超过10厘米。

5. 夏玉米早播技术早播是关键，防芽涝和后期低温、早种早收（见套种、直播技术）。

（三）合理密植

试验表明，随密度的增加，亩穗数增加（但增长比数越来越小），而穗粒数、粒重降低。合理密植增产的原因就是因为增穗增加的产量，大于由于粒数、粒重降低对产量引起的下降作用；如果是小于则说明过密。如减穗减产的产量大于增粒、增粒重的增产作用，则说明过稀。密度与产量是抛物线关系。

一般情况下，产量构成因素对产量的调节作用是穗粒数＞每亩穗数＞千粒重。但针对不同条件，三因素的作用亦有变化：在低产变中产（200～400 千克）条件下，亩穗数是关键因素，应通过增穗增产；而在中产变高产条件下（400～700 千克），穗粒数起主导作用，应通过增粒增产；高产条件下，主要是在稳定穗数的基础上，以提高穗粒数和千粒重夺取高产。总之，玉米要高产，穗足是基础、粒多是关键、粒重是保证。

在实际高产栽培经验中，玉米创高产的途径有 3 点：①促穗多（紧凑型）；②促穗大（平展型）；③促穗大、粒大结合。

在一定范围内群体叶面积（叶面积指数）越大产量越高，目前推广的平展型品种，最大叶面积指数适宜范围为 4 左右，紧凑型玉米品种为 5～6，成熟期叶面积指数，低产田不能小于1.5，高产田不能低于 2。

群体叶面积发展动态亦与产量密切相关，群体叶面积的发展，出苗—小喇叭口称指数增长期；小喇叭口—抽雄称直线增长期；抽雄—乳熟末称为稳定期；乳熟末—完熟称衰亡期。高产的叶面积发展过程应是：缓慢生长期较短，稳定期的维持时间长、波动较小，衰退时间短，叶面积降低的较缓慢，即"前快、中慢、后衰慢"。

1. 种植密度决定密度的条件，一是品种特性（主要），二是栽培条件（次要）。一般晚熟种、平展型品种、应适当稀些，反之则密些；地力较差，肥水条件差，应稀些，反之则密些。夏播较春播应密些。平展型晚熟高秆杂交种每亩适宜株数 3 000～3 500、中熟中秆杂交种每亩适宜株数 3 500～4 000、早熟矮秆杂交种每亩适宜株数 4 000～5 000；紧凑型中晚熟杂交种每亩适宜株数 4 000 ~ 5 000、中早熟杂交种每亩适宜株数 5 000 ~ 6 000。

在上述范围内，条件好的高产田，取密度的高限，一般田采用中、低限。

2. 种植方式在密度增大时，配合适当的种植方式，更能发挥密植的增产作用。

（1）等行距种植：一般 60 ~ 73 厘米，株距随密度而定。其特点是植株抽雄前，叶片、根系分布均匀，能充分利用养分和阳光；播种、定苗、中耕、除草和施肥技术等都便于田间操作。但在肥水足密度大时，在生育后期行间郁蔽、光照条件差，群体个体矛盾尖锐，影响产量提高。

（2）宽垄行种植：亦称大小垄，大行 83 ~ 100 厘米，窄行 33 ~ 50 厘米，株距根据密度确定。其特点是植株在田间分布不匀，生育前期对光能和地力利用较差，但能调节玉米后期个体与群体间的矛盾，在高密度高肥水条件下，由于大行加宽，有利于中后期通风透光。

（3）条带间作：以玉米为主（中上等肥力），玉米 4 ~ 6 行，大豆 2 ~ 4 行，以大豆为主（中下等地力），大豆 4 ~ 6 行，玉米 2 ~ 4 行。

在生产中，要因地制宜采用不同种植方式，研究表明，在种植密度相同的条件下，不同种植方式对产量影响不大。

（四）田间管理

1. 苗期管理

（1）查苗补苗：补种：在玉米刚出苗时，将种子浸泡 8 ~ 12 小时，捞出晾干后，抢时间补种。移栽：结合玉米 3 ~ 4 片可见叶间苗时带土挖苗移栽。移栽以早为好，移栽苗应比原地苗多 1 ~ 2 片可见叶为宜。不论补种或移栽，均要水分充足，带少量氮肥和追偏肥等管理，以减少小株率。实践证明，在缺苗不太严重的地块，可在缺苗四周留双株或多株补栽。

（2）适时间苗、定苗：间苗要早，一般在 3 ~ 4 片可见叶时进行；定苗 一般在 5~6 片可见叶进行。夏玉米苗期处在高温多雨季节，幼苗生长快，可在 4 片可见叶时一次定苗，以减少幼苗争光争肥矛盾。定苗时应做到"四去四留"，即去弱苗、留壮苗，去大小苗、留齐苗，去病苗、留健苗，去混杂苗、留纯苗。

（3）中耕除草：一般苗期中耕 2~3 次，耕深 5~10 厘米。定苗到拔节，再中耕 1~2 次，耕深 10 厘米以上。套种玉米，在收获后应立即灭茬深中耕（10~15 厘米），夏直播玉米苗期正处于雨季，深中耕易蓄水过多，造成"芽涝"，定苗后只易浅中耕（5 厘米）。

（4）防治虫害：黏虫可用 2.5% 敌百粉，每亩喷 1.5~2.5 千克，蓟马、蚜虫等用 40% 氧化乐果 1 500 倍液喷杀。

2. 穗期管理

（1）中耕松土：拔节时应进行深中耕，大口前后，结合追肥，适当浅培土。

（2）拔除小弱株：大口期前后拔除不能结果穗的小弱株。

（3）防治玉米螟：用 5% 辛硫磷颗粒剂，每亩 1.5~2.0 千克，撒入叶心，或用 30% 呋喃丹微粒剂等多种药物防治。

3. 花粒期管理

（1）人工去雄和辅助授粉。

（2）后期浅中耕：灌浆后浅中耕 1~2 次，可破除板结，通风增温，除草保墒。

（3）防治后期虫害：玉米螟、黏虫、蚜虫等。

（4）拔除空秆植株，人工辅助授粉。

（5）适时收获：当苞叶干枯松散，籽粒变硬发亮，乳线消失，基部出现黑色层时，收获产量最高。但是夏玉米往往达不到成熟时就被迫收获，而影响产量。因此，在生产上若不影响正常种麦，玉米应尽量晚收。如果急需腾茬，玉米尚未成熟的地块，亦可带穗收刨，收后丛簇，促其后熟，提高千粒重。

二、玉米的病虫害防治技术

（一）玉米大斑病

玉米大斑病又称煤纹病，几乎所有玉米产区均有发生。在大发生年份，一般减产15%～20%，严重的减产达50%以上。

【病原】 *Exserohilum turcicum*（Pass）Leonay & Suggs 为凸脐蠕孢属病菌，属半知菌亚门。

【田间症状】 玉米大斑病主要为害叶片，严重时也为害叶鞘和苞叶。一般先从底部叶片开始发生，逐步向上扩展，但也常常出现从中、上部叶片开始发病的情况。严重时，全株所有叶片均可受害提早枯死。叶片上病斑初为小椭圆形、黄褐色或青灰色水渍状斑点，扩大后形成边缘褐色，中央黄褐色或青褐色的长纺锤形或梭形病斑。

【侵染循环与发病条件】 病菌主要以菌丝体及分生孢子或由分生孢子形成的厚垣孢子在病残体中越冬，成为翌年初侵染源。在田间，病菌可在病部产生分生孢子，并随气流传播，进行多次扩大再侵染。

病害发生的程度受品种抗病性、轮作、气象条件和栽培条件等多因素影响。大面积种植易感病的杂交种是形成病害大发生的重要因素之一。在黑龙江省的7～8月温度偏低、多雨、日照不足，有利于大斑病的发生和流行。玉米种植过密、地势低洼、连作地，常发病重。

【防治】 选育抗病品种，适期早播，避开病害发生高峰。施足基肥，增施磷、钾肥。及早中耕、培土，摘除底部2～3片叶，降低田间相对湿度，使植株健壮，提高抗病力。玉米收获后，清除田间秸秆，经高温发酵用作堆肥。实行合理轮作。

药剂防治：对于价值较高的育种材料及丰产田玉米，可在心叶末期到抽雄期或发病初期喷洒50%多菌灵悬浮剂或25%三唑酮可湿性粉剂1 500克/公顷＋酿造醋1 500毫升/公顷＋98%磷酸二氢钾2.5～3千克/公顷或单喷75%百菌清可湿性粉剂1.8～

2.1千克/公顷；30%苯甲·丙环唑乳油150～250毫升/公顷。隔10天喷1次，根据病情发展可连续喷药2～3次。

（二）玉米丝黑穗病

该病在玉米种植区较为普遍，特别是东北、西北、华北和南方冷凉山区的连作玉米田发病重，发病率2%～8%，个别重病地块发病率高达60%～70%，对产量影响很大。

【病原】丝轴团散黑粉菌［*Sporisorium holcisorghi*（Rivolta）Váky］，属担子菌亚门。

【田间症状】该病是系统性病害，主要在成株期发病。雌穗发病后全穗变为一包黑粉，病穗失去原形；初期具有白膜包被，不久破裂散出黑粉（冬孢子），在黑粉包中夹杂有丝状寄主维管束的残余物。或变成刺猬形，不能结实，呈绿色角状长刺，丛生，使果穗畸形，不结实，有的基部有少量黑粉，有的无黑粉。雄穗发病后花器变形，呈角状长刺，丛生，不形成雄蕊，内部充满黑粉。

【侵染循环和发病条件】该病为系统侵染病害，病菌主要以冬孢子在土壤、粪肥、种子上越冬。翌年从玉米的幼芽或幼根侵入，侵入幼苗后，病菌扩展蔓延进入生长锥，并随生长锥生长和扩展，直到穗期才可见到典型症状，在雄穗和雌穗内形成大量冬孢子。病害的发生程度与菌源数量和土壤温、湿度条件的关系极为密切。春季少雨干旱、连作地发病重。

【防治】

（1）农艺措施：①适期播种，过早播种，地温低，种子发芽和幼苗出土时间拖长，易受病菌侵害。②实行轮作，尤其病重田块，应与大豆、小麦、谷子等作物进行3～4年轮作。③除掉病株或病穗，在黑粉孢子尚未散出前，割除病株或摘除病穗，深埋或烧掉。减少越冬菌源，减轻来年的病情。④秋季深翻。

（2）选用抗病品种。

（3）药剂拌种：①25%三唑酮可湿性粉剂用种子重量的

0.3% ~0.5% 拌种。②25% 三唑醇干拌剂用种子重量的 0.3% ~
0.5% 拌种。③12.5% R - 烯唑醇可湿性粉剂用种子重量的
0.4% ~0.8% 拌种。

（三）金针虫

金针虫主要有沟金针虫（*Pleonomus canaliculatus*）、细胸金
针虫（*Agriotes fuscicollis*）、褐纹金针虫（*Melanotus caudex*）属鞘
翅目叩头虫科，成虫又名叩头虫，全国各地均有分布。为害小
麦、玉米、高粱、马铃薯等，咬食种子、胚芽、根茎。

【生活习性及为害状】金针虫在黑龙江约 3 年 1 代，以成虫
和幼虫在土中越冬。幼虫喜潮湿的土壤，一般在 10 厘米土温
7 ~13℃时为害严重，7 月上中旬土温升至 17℃时即逐渐停止为
害。幼虫一直伏于土中，为害特点是将种子、根、块茎等蛀食成
小孔，致使死苗、缺苗，并可引起块茎腐烂。

【防治】

（1）农艺措施：对金针虫发生较重地块应采取秋季深翻地，
或春季深松、深耙地，以减少越冬幼虫数量。

（2）药剂防治

①药剂拌种：用 40% 甲基异硫磷乳油 500 毫升对水 50 ~60
千克，拌玉米、高粱种子 500 ~600 千克，混拌均匀，摊开晾干
后即可播种，或 35% 克百威种衣剂用种子量的 2% 拌种。

②撒施毒土：每公顷用 50% 辛硫磷乳油 1.5 千克，拌细沙
或细土 375 ~450 千克，在作物根旁开沟撒入药土，随即覆土。
可防治多种地下害虫。

③灌根：用 90% 晶体敌百虫 800 倍液、50% 辛硫磷乳油 500
倍液或 40% 毒死蜱乳油 1 500 倍液灌根，8 ~10 天灌 1 次，连续
灌 2 ~3 次。可防治地老虎、蛴螬和金针虫。

④5% 辛硫磷颗粒剂每亩 1.5 千克拌入化肥中，随播种施入
地下。

⑤60% 吡虫啉悬浮种衣剂用种子量的 0.5% 拌种。

（四）玉米螟

玉米螟［*Ostrinia furnacalis*（Guenée）］俗名钻心虫，成虫属鳞翅目螟蛾科，是玉米主要害虫。玉米螟以幼虫取食叶肉或蛀食未展开的心叶，造成"花叶"，抽穗后钻蛀茎秆，致雌穗发育受阻而减产，蛀孔处易倒折。穗期蛀食雌穗、嫩粒，造成籽粒缺损霉烂，品质下降，减产10%～30%。

【生活习性和为害状】成虫夜间活动，飞翔力强，有趋光性，喜欢在生长茂盛的玉米叶背面中脉两侧产卵。初孵幼虫能吐丝下垂，先食植株幼嫩部分，后借风力转株为害，被害株心叶展开后，即呈现许多横排小孔，四龄以后，大部分钻入茎秆。雄穗被蛀，常易折断，影响授粉；苞叶、花丝被蛀食，会造成缺粒和秕粒；茎秆、穗柄、穗轴被蛀食后，形成隧道，破坏植株内水分、养分的输送，使茎秆倒折率增加，籽粒产量下降。高温、高湿有利于玉米螟的繁殖，为害常较重。

【防治】

（1）选用抗虫品种。

（2）农业防治：处理秸秆，减少越冬寄主，压低虫源基数，如沤肥、用作饲料、燃料等。合理轮作。

（3）物理防治：用黑光灯或频振式杀虫灯诱杀成虫。

（4）生物防治

①释放赤眼蜂。放蜂时间根据预测预报确定玉米螟发生期，掌握在玉米螟产卵期放蜂。放蜂量和次数根据螟蛾卵量确定。一般每亩释放1万～2万头，分两次释放。

②利用白僵菌治螟。白僵菌可寄生玉米螟幼虫和蛹。在早春越冬幼虫开始复苏化蛹前，对残存的秸秆，逐垛喷撒白僵菌粉封垛。方法是每平方米垛面，用每克含100亿孢子的菌粉100克，喷一个点，即将喷粉管插入垛内，摇动把子，当垛面有菌粉飞出即可。也可用每克含量80亿～100亿孢子的白僵菌粉加滑石粉或草木灰按1∶5充分混匀，每亩1～2千克，用机动喷粉器或手

摇喷粉器喷粉。

③用 Bt 颗粒剂治螟。Bt 颗粒剂又称苏云金杆菌颗粒剂。于玉米心叶末期前撒入心叶里，每亩用 700 克。中午阳光太强时不宜施药；养蚕地区要注意防止蚕中毒。

（5）化学药剂防治

①玉米大喇叭口期：幼虫在玉米心叶内取食为害时，用 1% 辛硫磷颗粒剂每亩 1～2 千克，使用时加 5 倍细土或细河沙混匀撒入喇叭口。

②雄穗打苞期或雄穗 10% 抽穗时：选用 2.5% 高效氯氟氰菊酯水乳剂 300 毫升/公顷、2.5% 溴氰菊酯乳油 300 毫升/公顷、10% 氯氰菊酯乳油 450 毫升/公顷，5% 顺式氰戊菊酯乳油 225～300 毫升/公顷，48% 毒死蜱乳油 1 500～2 500 毫升/公顷，对水叶面喷雾。加入益护 150 毫升/公顷 +98% 磷酸二氢钾 2 250～3 000 克/公顷 + 酿造醋 1.5 升/公顷，可起到健身防病、促熟增产作用，或用上述药液灌心。

第三章 农机的使用与维修技术

第一节 农机的耕播作业技术

一、农业机械使用的特点

农业机械使用具有艰苦性、地区性和紧迫性的特点。现分述如下：

1. 艰苦性

农业机械主要是在露天工作，作业对象是土壤和作物。土壤有软有硬、有湿有干，作物也是多种多样，加上气候的变化、气温的高低和风沙的侵蚀等外界原因，易使机械发生变形和损坏。所以，首先在制造上要求农业机械坚固耐用，才能经得住这些艰苦条件的考验。在使用上，更要注意加强维护保养，克服和减轻艰苦条件所造成的不利影响，尽量减少其磨损，延长其使用寿命。

2. 地区性

农业机械的地区性比较突出。由于各地区土壤、作物、耕作制度和栽培方法等差异较大，即使是同一种作物，也会因地区不同而对农机有不同的要求，因而农业机械的种类比较多。另外，为了适应地区性的特点，在相同的农机主体以外，还配备了各种类型的工作部件，以供购买时选择。在选购农业机械时要注意这一点。即使这样，有时因使用部门的地区特点，现成的农机具还是不能满足农业要求，这就需要对农机具（尤其是配套农具）进行必要的改装。所以，农机具使用中的改装是一项重要内容。农机具的改装工作应在农闲时进行，而且在正式作业前对改装的农机具必须经过多次试验，确认可靠后才能投入使用。

3. 紧迫性

大多数农机作业的农时很紧张，因此农机作业的时间很短，一般都以"养兵千日，用在一时"来比喻农机使用的紧迫性。而且，在使用中要求不出故障，不发生事故。因此，作业前对农机具进行认真地维修和保养，消除一切隐患，保证其良好的技术状态及其使用的可靠性，便成为农机使用中的关键问题。此外，由于农机使用时间短，停放时间很长，所以农机具在停放期间的保管也很重要。如果保管不好，农机在停放期间的损坏就会超过使用期间的损坏。

二、耕地技术

（一）常用耕地机具

耕地机具的种类很多，主要分为犁和旋耕机两大类。而犁又有铧式犁、圆盘犁、凿形犁和栅条犁等，其中铧式犁是使用最多的一种。铧式犁因其用途和结构不同，又可分为旱地犁、山地犁、深耕犁、水田犁和双向犁等。

旋耕机又可分为旱田旋耕机和水田旋耕机两大类。

（二）铧式犁的主要工作部件

牵引犁的主要工作部件有犁架、地轮、沟轮、尾轮、主犁体、圆犁刀、小前犁、起落结构、犁架和牵引装置等。

悬挂犁的主要工作部件有主犁体、犁架、悬挂架、撑杆和限深轮等。

（三）牵引犁调节机构的

牵引犁的调节机构有牵引装置、地轮机构、沟轮机构和尾轮机构，分述如下：

（1）牵引装置　牵引装置（图3－1）是连接犁和拖拉机的部件，由纵拉杆、横拉杆、斜拉杆、安全装置及牵引环等组成。安装时纵拉杆与横拉杆应保持垂直，斜拉杆斜装在纵、横拉杆之间，形成一个三角架。牵引装置通过牵引环与犁架相连。在犁架前弯梁上有一排孔，用以调节横拉杆高低位置。横拉杆上有孔，可调节纵拉杆及斜拉杆在横拉杆上的左右位置。耕地作业时，通过调节牵引装置在犁架上的高低位置和左右位置达到犁的正确牵引状态。

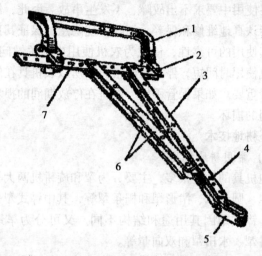

1. 前弯梁；2. 挂环；3. 纵拉杆；4. 安全装置；
5. 牵引环；6. 斜拉杆；7. 横拉杆

图 3－1　牵引装置

（2）地轮机构　地轮机构由油缸、活塞杆、油缸拉臂和支座等组成（图 3－2）。

活塞杆和后盖分别与犁的油缸拉臂及油缸支座相连接。来自拖拉机油泵的油通过油管输入油缸。犁的起落和耕深调节是在油缸活塞杆的伸缩下实现的。油缸拉臂焊在地轮弯臂轴上，活塞杆一端与油缸拉臂铰接。拖拉机上的液压操纵手柄可控制牵引犁的升起和降落。耕地过程中，控制液压操作手柄可以控制犁的耕地深度，即活塞杆在油压的作用下伸长时，就推动油缸拉臂，使地轮弯臂轴逆时针转动，地轮向下并向后，犁的耕深变浅；反之，活塞杆缩短时，犁的耕深则增加。

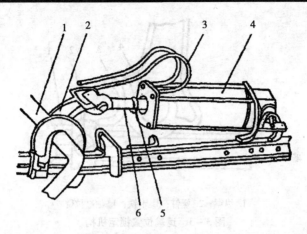

1. 地轮弯臂轴；2. 油缸拉臂；3. 高压油管；
4. 油缸；5. 挡箍；6. 活塞杆

图 3-2　地轮机构

　　为了防止犁在运输状态时，因液压系统失灵造成突然落犁事故，在犁的主梁上有运输卡铁（图 3-3）。犁升起时，将卡铁移至油缸拉臂的凸起部为止，并用螺钉锁紧。当犁进入工作状态前，应将卡铁移开，并将卡铁固定在犁梁上。切忌在卡铁还没有与油缸拉臂分离时就操纵液压装置，强迫使犁下降而造成损坏。

　　为了使犁和拖拉机自动分离时不致使油管拉断，在作业结束或需要犁与拖拉机分开时，封闭油管，不致漏油和进入尘土。在油路中装有安全分离接头，使管路在安全接头处分离。再次接合时，应将接头外部清理干净，以免尘土进入油路中。

　　（3）沟轮机构　沟轮机构可以单独调节沟轮的高低，以保持犁架左右水平。在升犁、落犁或进行耕深调整时，又能与地轮起联动的作用。其构造由地轮、沟轮联系机构和水平调节机构组成（图 3-4）。

　　水平调节框焊接在地轮弯轴上，工作时能随地轮弯轴一起转动。水平丝杠安装在水平调节框内，其上端装有水平调节轮，水

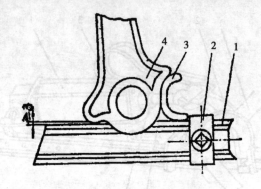

1. 纵梁；2. 螺钉；3. 卡铁；4. 油缸拉臂

图3－3　运输位置锁定机构

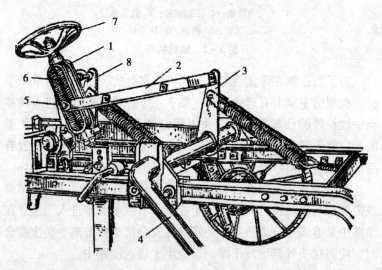

1. 水平调节框；2. 沟轮支板；3、8. 转臂；4. 沟轮弯轴；
5. 螺母轴；6. 水平丝杠；7. 水平调节轮

图3－4　沟轮机构

平丝杠上装有螺母轴。当转动水平调节轮时，螺母轴沿水平调节框上下移动。转臂焊在沟轮弯轴上，沟轮支板的前端与转臂铰连，后端与螺母轴铰连。

当地轮机构产生起犁、落犁或耕深调整的动作时，焊在地轮弯轴上的水平调节框也随地轮弯轴绕支点一起转动，通过沟轮支板带动转臂，使沟轮弯轴配合地轮弯轴回转，改变犁的离地面高度，使犁达到起落或深浅调整的目的。

当地轮弯轴停止转动后，水平调节框也不再绕支点转动。此时，转动水平调节轮，使螺母沿水平调节框上下移动。由于水平调节框是倾斜的，当水平调节轮逆时针转动时，螺母轴向下移的同时也向前移动，并通过沟轮支板迫使转臂绕支点做逆时针回转，沟轮弯轴也做逆时针回转，将犁架的右侧抬起；反之，犁架的右端下降。因此，通过转动水平调节轮就能调节犁架的左、右水平状态，使犁的耕深一致。

在地轮和沟轮转臂上各装有一对弹簧，与犁架前横梁相连，落犁时用以起缓冲作用，减轻犁架下落时犁体所受到的冲击。在起犁或调节耕深时，弹簧的张力可以帮助犁架升起。弹簧的张紧度可以用固定在犁架上的调节螺丝来调整。

（4）尾轮机构　尾轮机构的作用是配合地轮、沟轮起犁和落犁，并且保证犁架前后水平，前后犁体耕深一致。其构造由地轮、尾轮联动机构和尾轮调节机构组成（图3-5）。

尾轮机构弯臂轴安装在轴套内，可以自由转动。在轴套下面的弯轴上焊有轴肩，以防尾轮弯轴在轴套内作轴向移动。当起犁时，地轮弯臂轴上的转臂通过柔性拉杆，拉动尾轮机构上的转臂，使尾轮弯臂轴转动，犁架尾部升起。由于拉杆为柔性拉杆，故尾轮动作迟于地轮一段时间。耕地状态时，柔性拉杆应呈松弛状态。当地轮机构少量变动时，地轮、尾轮联动机构不起作用。耕到地头起犁时，前面的犁体先出土，等到尾轮柔性拉杆张紧后，地轮、尾轮联动机构才起作用，使后面的犁体逐渐出土。这样，可使地头整齐，并减少起犁阻力。尾轮柔性拉杆长度可以调节，但不能过长和过短。如过长，起犁时后犁体升不起来；如过短，落犁时后犁体落不下去。

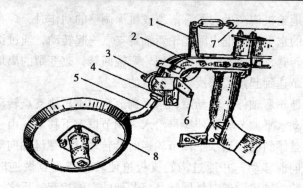

1. 转臂；2. 尾轮托架；3. 水平调节螺钉；4. 尾轮轴套；5. 尾轮弯臂轴；
6. 垂直调整螺钉；7. 尾轮柔性拉杆；8. 尾轮

图 3－5　尾轮机构

尾轮在工作中有支持和平衡侧压力的作用，并能减轻犁床的磨损和减小牵引阻力。犁在工作状态时，尾轮轴架被垂直调整螺钉顶住，使套在尾轮轴套内的尾轮轴不能向上抬起，从而使尾轮的高低位置得到固定。同时，水平调整螺钉通过转向环顶在侧向固定板上，限制了尾轮向右摆动，使尾轮紧靠沟壁前进。运输状态时，水平调整螺钉与侧向固定板脱离接触，使尾轮能向左右两侧自由摆动。耕地时，一般要求尾轮的下缘比最后一个犁体的犁底低 1～2 厘米（垂直间隙），尾轮左缘较最后一个犁体的犁床偏向未耕地 1～2 厘米（水平间隙）。两者间隙的大小视土壤质地而定。坚实土壤其间隙要小，松软土壤则应稍大一些，因尾轮在松软地上作业时，下陷程度要比在坚实土壤上大。

（四）悬挂犁调节的机构

悬挂犁的调节机构主要有悬挂轴和限深轮，现分述如下：

（1）悬挂轴　悬挂轴的两端都制成曲拐状（图 3－6），便于调整与轮式拖拉机配套的悬挂犁。调整时，只要用手转动固定在悬挂轴上的螺杆机构（如悬挂轴是用"U"形螺钉固定，则应先松开螺钉，再转动悬挂轴至所需位置后，重新将"U"形螺钉旋紧），即可使悬挂轴转动，以此改变悬挂犁的偏斜程度。

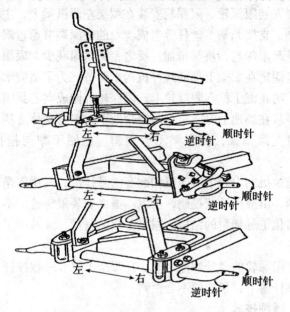

左　　　右　　　逆时针　　顺时针

左　　　右　　　　顺时针
逆时针

左　　　右　　　　顺时针
逆时针

图 3 - 6　悬挂轴的三种调节方式

　　一般在耕地前预先调整悬挂轴的偏转角度，使悬挂犁的后部稍向沟壁偏斜，耕地时即因沟壁的反作用力而使悬挂犁摆正。为了防止重耕和漏耕，悬挂轴还可横向移动，以保证耕幅的稳定，消除重耕和漏耕。

　　在正常耕作时，悬挂轴曲拐的右端应向下（沿着犁的行进方向看），曲拐的左端应向上。向拖拉机的悬挂机构连接犁时，应使液压系统操纵手柄放在下降位置（分置式液压系统操纵手柄应放在浮动位置），先连接左侧下拉杆，再连接右侧下拉杆，最后再与上拉杆连接。

　　与履带式拖拉机配套的悬挂犁，不需要进行水平调整，也就是说拖拉机左、右下拉杆的高度除开墒外应一致，犁的偏牵引是通过调节牵引点来解决，因此悬挂轴是直的，而不是曲拐状的。

（2）限深轮　与分置式液压机构拖拉机配套的悬挂犁，在犁上需要安装限深轮。限深轮安装在犁架左侧纵梁上，主要由犁轮、轮轴、支架和调节丝杆等组成。犁的耕深调节通过限深轮来控制。升起限深轮，耕深增加；反之，则耕深减少。限深轮的升降是通过固定在犁架上部的螺杆机构来调节。为了适应水田耕作的需要，防止泥土粘在限深轮上，限深轮都做成空心封闭式。

犁停放在场地上时，可将限深轮向下摇至与犁体支持面相同处，便可支撑犁架，使犁架不会歪斜，也便于犁与拖拉机的挂接。

与拖拉机的力调节液压机构配套的悬挂犁，其耕深是通过力调节手柄，由液压系统控制，所以不需要安装限深轮。不用限深轮，既简化了悬挂犁的结构，减轻了犁的重量，又减少了一部分阻力。

没有限深轮的悬挂犁停放时，在犁架上装有一根撑杆，停放时可将撑杆落下，犁架便不会歪斜。

三、播种技术

（一）播种机种类

播种机的种类很多了按所播作物的不同可分为谷物播种机、中耕作物播种机、棉花播种机、蔬菜播种机等；按播种方式的不同可分为条播机、精量播种机等；按耕作方式的不同可分为耕翻播种机和免耕播种机等；又因与拖拉机连接方式的不同可分为牵引式、悬挂式等类型。

（二）播种机具技术状态

1. 条播机的技术状态标准

第一，机架不应弯曲或倾斜。安装开沟器的梁，其弯曲度不超过 10 毫米。

第二，行走轮不应摆动，摆动量不超过 10 毫米，传动可靠。

第三，种子箱、肥料箱无裂缝，且有盖。

第四，牵引式播种机的起落机构灵活好用。开沟器起落时，排种器的传动机构应能正确分离或接合。

第五，齿轮传动时，应全齿宽啮合，齿顶与齿根之间有合适的间隙；链轮传动时，钩形链的钩应朝外，链节的钩头与链条运动方向一致。链条紧度用手在链条中间下压时，下垂度不大于15～20毫米。

第六，排种器应完好，不应有变形和损坏。排种均匀，各行排种器的排种不均匀度不能大于4%。检验各行排种器排种均匀度的方法如下：

第一步，把排种槽轮置于最大工作长度。

第二步，支起播种机，使行走轮能自由转动。在种子箱内加入一定量的种子，在各输种管下口用布袋或其他器物盛接。接合传动机构，转动行走轮2～3圈，使种子充满排种器，并倒净落入布袋中的种子，重新放回各输种管下口。

第三步，均匀转动行走轮若干圈，分别称出各排种器所排种子的重量，根据重量多少调整不符合要求的排种器。

第四步，继续试验，直至各排种器的排种均匀度符合要求为止。

第七，输种管应完好，输种畅通不外漏。

第八，开沟器的起落方轴不应有弯曲和扭曲，固定在方轴上的升降臂应在同一高度，用手向上拉动每个开沟器，应起落自如，无卡滞现象。

第九，开沟器按规定行距安装正确，各开沟器的间距应相等，偏差不超过5毫米。

第十，双圆盘式开沟器的圆盘不应有变形，并转动灵活而无晃动，两圆盘的接触间隙不大于2毫米。圆盘内的导种板安装位置不要妨碍圆盘转动。每个开沟器的吊杆弹簧应固定在相同位置。锄铲式开沟器应在同一高度，高低相差不超过5毫米。

第十一，划行器、指印器、覆土器和镇压轮等应当完好，连接牢固。

2. 精量播种机的技术状态标准

精量播种机的技术状态标准有：

第一，机架完整无变形。

第二，地轮传动可靠。

第三，种子箱、肥料箱无裂缝，且有盖。

第四，气力式点播机的风机传动皮带的张紧度应合适，一定不要过松。否则，达不到应有的转速，会造成气吸式点播机容易吸不住种子而产生漏播，导致气压式点播机容易吹不尽型孔内的种子而产生重播。另外，风机工作时应转动灵活无杂音。气管畅通无堵塞，接口处严密无漏气。

第五，排种器的工作状态良好。

第六，点播机的工作组件都是由平行四杆机构与播种机的梁架固定，应固定可靠。平行四杆机构无左右晃动，用手向上拉动每个播种组件，应起落自如，无卡滞现象。

第七，开沟器按规定行距安装正确，各开沟器的间距应相等，偏差不超过 10 毫米。

第八，开沟器应完整，覆土器或镇压轮与开沟器的连接可靠，安装高度一致。

第九，划行器应完好，连接牢固。

（三）播种机具调整

1. 播种中耕作物行距的调整

播种中耕作物时，行距的调整应注意：

（1）播种机工作幅宽应与中耕机工作幅宽相等或为中耕机幅宽的整数倍，以免中耕时铲苗，同时拖拉机左右轮两外侧的行数应对称相等。

（2）如用履带式拖拉机中耕，调整行距时应留出拖拉机的履带道。

2. 调整双圆盘式开沟器的入土性能

增大或减小每个双圆盘式开沟器上的加压弹簧可以改变入土

性能，弹簧压力越大，入土性能越好；反之，则入土性能越差。可视土壤类型和湿度状况事先调整，再根据播种情况修正。

3. 整滑刀式开沟器的入土性

滑刀式开沟器的入土性能不如双圆盘式开沟器和锄铲式开沟器，为了保证滑刀式开沟器的入土性能，除了注意平行四杆结构上的拉紧弹簧要有足够的强度外，主要在于提高整地的作业质量，应使整地后的土壤不要太硬，便于开沟器入土。

4. 调整双圆盘式开沟器的播种深度

一般采用旋转播深调节手轮改变全部开沟器的加压弹簧的压力，压力越大则加大播深，根据农艺要求调整。

5. 调整滑刀式开沟器的播种深度

在保证滑刀式开沟器入土性能的前提下，提高或降低开沟器上的限深板即可改变播种深度。

6. 正确调整条播机每亩的播种量

在每个排种器排种均匀度符合要求的前提下，按规定的每亩播种量，计算出全部排种器应排的种子总量，然后进行播量试验，在试验过程中进行调整，直到符合要求为止。

（1）播量计算　根据农艺要求的每亩播种量，计算出播种机行走轮转动一定圈数后全部排种器应排出的种子总量。

全部排种器应排出的种子总量（单位为 500 克）＝每亩播种量（500 克）×播幅（米）×3.141 6×行走轮直径（米）×行走轮转动圈数/亩

播种机的行走轮在实际播种时会有滑移，这样会减少种子的排出量，所以播量调整时应比计算值加大 5%～8%（视土壤质地、干、湿、疏松程度而定）。

（2）播量试验

第一，支起播种机，使行走轮能自由转动。在种子箱内加入一定量的种子，在各输种管下口用口袋盛接。初步调整排种槽轮的工作长度，结合传动机构，转动行走轮 2～3 圈，使种子充满排种器，并倒净落入口袋中的种子，重新放回各输种管下口。

第二，按 20～30 圈/分的转速，均匀地转动行走轮一定圈数（计算时所用的行走轮圈数），收集各排种器所排出的种子，集中在一起称其总重量，视其是否与计算值相符。如不符合要求，则应增加或减小排种槽轮的工作长度后再做试验，直到符合要求为止。

第三，若是行走轮传动半台播种机的排种器，应按计算值的一半试验和调整半台。再参考已调好的半台，再调另一半台。

表 3–1 为播种机的行走轮直径为 1.22 米，转动 20 圈后，不同播幅（米）、亩不同播量（500 克/亩）条件下，全部排种器的应排种子总量（单位为 500 克）。

表 3–1 播种机在上述条件下全部排种器的应排种子总量

（单位：500 克）

播幅（米） 播量（500 克）	1.2	1.5	1.8	2.1	2.4
5	0.7	0.9	1	1.2	1.4
6	0.8	1	1.2	1.5	1.7
7	1	1.2	1.5	1.7	1.9
8	1.1	1.3	1.7	1.9	2.2
9	1.2	1.6	1.9	2.2	2.5
10	1.4	1.7	2.1	2.4	2.8
11	1.5	1.9	2.3	2.7	3.0
12	1.7	2.1	2.5	2.9	3.3
13	1.8	2.2	2.7	3.1	3.6
14	1.9	2.4	2.9	3.4	3.9
15	2.1	2.6	3.1	3.6	4.1
16	2.2	2.8	3.3	3.9	4.4
18	2.5	3.1	3.7	4.3	5.0
22	3.0	3.8	4.6	5.3	6.1

（续表）

播幅（米） 播量（500克）	1.2	1.5	1.8	2.1	2.4
24	3.3	4.1	5.0	5.8	6.6
26	3.6	4.5	5.4	6.3	7.2
28	3.9	4.8	5.8	6.8	7.7
30	4.1	5.2	6.2	7.2	8.3
32	4.4	5.5	6.6	7.7	8.8
34	4.7	5.9	7.0	8.2	9.4
36	5.0	6.2	7.5	8.7	9.9

注：播量试验和调整时，按表内计算值增加 5%~8%。

（3）按行走轮转动圈数计算播量　播量计算也可按播种机播亩地块行走轮转动的圈数试验排种量。行走轮转动圈数按下式计算：

播亩行走轮转动圈数 = 3.141 6 × 行走轮直径(米) × 播幅(米)／亩

进行播量试验时，按上式计算出的转动圈数转动播种机的行走轮，收集全部排种器所排种子总量，称量得的总重即为规定的亩播量。若播种机的行走轮只传动半台播种机的排种器，则播量试验时只称得半台播种机所排的种子量，这时的总重应为计算值的一半（再增加 5%~8%）。

例如，24 行谷物播种机行走轮直径为 1.22 米，播幅为 3.6 米，按上式计算出播种机播亩地块行走轮的转动圈数为 48.3。因行走轮只传动半台播种机的排种器，播量试验时，半台播种机的全部排种器所排种子重量应为亩播量的一半（再加 5%~8%）。播量试验时，若嫌转动圈数太多，可转动一半的转数（即 24.15）。这时，半台播种机全部排种器所排种子重量应为亩播量的 1/4（再增加 5%~8%）。

第二节　小型拖拉机的使用与保养

一、小型拖拉机的启动和驾驶操作

（一）出车前的准备

1. 出车前要对拖拉机进行认真地检查和保养，消除事故隐患，防止事故的发生。

2. 清除拖拉机各处泥土、灰尘、油污。

3. 检查连接件的紧固情况，发生松动应及时拧紧。

4. 检查 V 带（俗称三角带）的张紧度和轮胎气压。

5. 检查发电机和灯光。

6. 检查转向器、离合器、制动器等操作机构是否可靠；发现不正常现象，应立即排除。

7. 带上必要的随车工具，以保证及时排除故障。

（二）柴油机的启动

1. 启动前的准备

（1）启动时，必须做好启动前的准备工作，采用适当的启动方式，以减少启动负荷或磨损。

（2）检查柴油机、底盘、电器设备及配套农机具的各部分零件是否齐全完好，有无漏油、漏气及漏水现象等。如有问题，及时进行检查修理或排除故障。

（3）检查机油、柴油、冷却水是否充足，不足时应予以添加。

（4）检查柴油机、底盘及农机具牵引装置的紧固情况，如有松动予以紧固。

2. 柴油机的启动

（1）手摇启动：将小型拖拉机的变速手柄放在空挡位置。打开油箱开关，左手将减压手柄放在减压位置，右手握紧插入启动孔的摇把，均匀地摇持曲轴，待机油指示器计起，由慢到快，达到一定的转速时，迅速放松减压手柄，与此同时，右手继续猛摇，不可松开摇柄，以免自动甩出伤人。当启动着火后，减小油门，水温达到40℃，即可起步。

（2）启动机启动：当气温在10℃以上时可利用直接启动法启动，方法如下。

变速杆置于空挡位置。将离合器踏板踩到底。

将熄火杆推到底，左手转动减压手柄使其减压，拉大油门或将脚油门踏到中间位置。

将钥匙插入电锁，按顺时针转动，接通电路。

将启动开关按顺时针转动到启动位置。当柴油机转速提高后，左手将减压手柄转到工作位置，待柴油机启动后，右手迅速将启动开关转回到"0"位置。

（三）基本的驾驶操作

1. 转向

小型拖拉机是靠转动转向盘来实现的。转向时要事先适当降低车速，然后逐渐转动转向盘，使前轮偏转，实现转向，待拖拉机缓慢地驶过弯道，机头接近新的方向时，再将转向盘及时回正。

当拖拉机带牵引农具进行转向时，必须同时照顾后面拖挂机具的转向情况。拖拉机在满负荷或高速行驶时，严禁急转弯，以免翻车。

2. 倒车

拖拉机倒退行驶，尽可能采用低速，而且必须前后照顾，密切注意有无人员和障碍物影响倒驶。尤其是在倒退挂接农具时，要谨慎操作，随时做好制动停车准备，以防伤害农具手或撞坏农具。倒车时的转向操作与前进行驶时相同。

3. 制动

预见性制动时，先松抬油门踏板，根据情况持续或间歇地轻踏制动踏板。待拖拉机速度降低到一定程度后，再分离离合器，并将制动器踏板完全踩到底。

紧急制动时，两手握稳转向盘，迅速抬起油门踏板并立即踏制动踏板和离合器踏板，以发挥车辆的最大制动效果，迫使车辆停驶。紧急制动只有在不得已的情况下才使用。

4. 差速锁的使用

差速锁能强制两个半轴齿轮同速转动，使两个驱动轮能同速旋转，以排除因一个驱动轮陷入泥泞地里造成的单边滑转，使拖拉机驶出泥泞地段。拖拉机转弯和高速行驶中严禁使用差速锁。否则不仅转向困难、损坏零件，严重时还可能造成翻车事故。

5. 拖拉机的停放

拖拉机的停放应选择适宜地点。在公路上的停放地点要符合交通规则，以保证安全。机库或停放场地的地面要坚实平坦，且便于进行班保养和再次出车。

停车前应减小油门、降低车速。开到停车点后，及时分离离合器，制动变速杆拨入空挡，然后接合离合器，让柴油机继续空转几分钟，使水温、机油温度逐渐降低，再关闭油门熄火。

如果拖拉机需较长时间停放，将柴油机熄火，踩下制动器踏板，并用锁定爪将踏板锁定。如果拖拉机在坡地停放，除采取上述措施外，还应挂上挡（上坡位置挂低挡，下坡位置挂倒挡），并用木头或石块垫住轮胎。

二、小型拖拉机的保养

（一）小型拖拉机的保养部位

1. 偏心轴凸轮的磨损

偏心轴超期使用，使进、排气凸轮和油泵凸轮的高度磨损超限，不能按柴油机工作循环的需要，定时开闭进、排气门和推动喷油泵滚轮向气缸内定时定量供给燃油。由于油泵凸轮磨损，柱塞有效工作行程相应缩短，供油延续时间减少，供油量不足，柴油机启动困难，功率下降，所以应及时更换新件。

2. 曲轴离心净化室堵塞

发动机工作时，进到曲轴油腔（净化室）的润滑油中，含有金属屑、污物、积炭和沉积物，在离心力的作用下，被甩附在油腔壁上，长期不清洗会将油孔堵塞，连杆轴颈、正时齿轮端主轴颈得不到润滑，引起轴颈烧损抱瓦。因此柴油机每工作 500 小时，应拆下曲轴，清除油泥、污物，清洗离心净化室和曲轴油道。

3. 气门导管磨损，弹簧变形

（1）气门导管长期使用，内孔磨损超限或偏磨严重，造成机油从气门杆与导管之间窜入气缸，机油耗量增加，积炭增多，使活塞、活塞环、缸套磨损加剧，也使进、排气门在工作中发生倾斜，气门关闭不严。所以气门导管与气门杆之间间隙超过0.30 毫米时应更换新件。

（2）气门弹簧长期工作，弹力减弱，自由长度相应缩短，进、排气门开启迟缓，关闭后延，进气不足，排气不净，气门关闭不严，使气门、气门座容易烧损。

4. 喷油器有关部件磨损

（1）调整弹簧两端面磨损或弹性减弱，工作时使针阀提前开启，关闭迟缓，喷油器出现断油不良、滴油、雾化不良，造成启动困难，柴油机工作粗暴。

（2）喷油器体因多次更换喷油器，螺母拧紧力不均，则在喷油器体接合平面上，受高压油冲刷而渗漏。使喷油器工作时回油过多，喷油量减少，喷油压力降低，启动困难。此时应将喷油器体与针阀体接触面，在平板上用氧化铝或氧化铬研磨。

（3）针阀工作频率很高，顶杆下部小孔极易磨损加深，或孔内钢球变形及孔壁产生裂纹，这将影响喷油器的正常调整，使之不能正常工作。如果顶杆小孔加深或孔壁有裂纹应更换新件；如钢球变形可用自行车飞轮内的钢球代用之。

5. 空气滤清器相关部件密封不严

（1）滤清器盖与螺母之间缺少密封垫。

（2）滤清器盖与金属滤网上端之间的橡胶垫损坏或漏装。

（3）滤清器壳体与进气支管连接处螺栓未拧紧。

（4）进气管道气管接头与齿轮室盖通气孔接头之间连接的塑料管脱落或未连接。

（5）喷油器回油管与进气支管回油管接头之间连接用的塑料管脱落。上述原因均能使未经过滤的空气进入气缸，加剧了气缸、活塞、活塞环的磨损，机油老化变质，严重烧机油，气缸压缩不良，发动机启动困难。

6. 水垢的沉积

冷却系长期不清洗，将在水箱（散热器）、水套的金属表面上积聚一层碳酸钙（俗称水垢）。水垢过多，会使冷却水道受阻，冷却水循环困难，机体散热性能下降。另外冷却水沸腾溢出加水口，易使水箱穴蚀氧化，早期损坏。

（二）如何保养小型拖拉机的变速器

小型拖拉机变速器技术状态的好坏，将直接影响拖拉机的使用寿命，因此对变速器要进行正确的安装、调试与维护保养。

变速器中的齿轮由于安装不正确、润滑不良、保养调整不及时等原因，常会造成齿轮齿面点蚀、剥落及轮齿折断等，致使变速器早期损坏，为了延长其使用寿命，应采取如下措施。

（1）新的或大修后的变速器，由于齿轮齿面经过机械加工后留有加工痕迹，表面凸凹不平，所以应按使用说明书的要求进行磨合，试运转后方能投入作业，否则将加速齿轮的磨损，造成齿轮早期损坏。

（2）应按操作规程的要求进行操作。应在离合器彻底分离后再换挡，避免强行挂挡，挂挡应挂到位，使齿轮处于完全啮合状态下工作，以防在半啮合状态下工作引起齿轮偏磨。换挡时不能用副变速越位换挡，因为小型拖拉机副变速拨叉较长易发生弯曲变形，导致副变速齿轮在半啮合状态下工作，造成齿轮偏磨。

（3）避免齿轮受冲击力的作用。在猛抬离合器踏板突然起步和在不平的路面上高速行驶或紧急制动时，都会产生较大的冲击力，而且使冲击应力集中在齿轮的小圆角上，引起齿轮产生折齿现象。因此在使用中，结合离合器时，踏板应缓慢抬起，不要太快或过猛结合离合器；分离离合器时要先快后慢，迅速彻底，严禁离合器处在半离合状态下工作。

（4）确保离合器处在正常状态下工作。若离合器产生分离不清的故障，在换挡时就会出现打齿，使齿轮损坏。为此必须定期检查离合器的工作状态，发现异常现象应及时查找原因予以排除。

（5）要定期并及时检查齿轮油油面高度，使之位于标尺上下刻线之间，油面过低润滑不良，造成齿轮局部升温而使齿面接触点产生黏结现象；油面过高增大了齿轮的转动阻力，增加了功率损耗。

（6）要及时检查齿轮油的质量，按时更换。拖拉机每工作500小时后，必须清洗变速器，加入符合季节的经过净化处理的（最好沉淀48小时）齿轮油，且要保证加油工具和油口的清洁，以防污物进入变速器。

（7）变速器如果发生自动脱挡、窜挡、乱挡，或变速器内有声响等异常现象，应及时停车检查，找出故障发生的原因予以排除，不得使其带病作业，以防齿轮损坏。

（8）要确保安装质量。装配时要按技术要求进行，装配后要符合下述要求：各轴应能平稳地转动，无卡滞发涩现象，没有明显轴向窜动现象；滑动齿轮应能在花键轴上平滑地移动；无漏油、渗油现象；操纵机构工作应正常；保证各零件的正确装配位置、方向和间隙要求。

（三）如何保养发动机的冷却系统

发动机冷却系统技术状态好坏，将直接影响发动机的动力性和经济性。

1. 及时添加冷却水

冷却水是保证发动机正常工作的重要组成部分。因此启动前应检查水箱中存水情况，若不够应加注，添加时应注意如下几点。

（1）使用软水，如河水、雨水、雪水、冷开水；不用硬水，如井水、自来水、泉水、盐碱水，因为硬水易在零件表面形成水垢。

（2）冷却水不应加得过满。因为拖拉机在高低不平的道路上行驶时，冷却水易从敞口式水箱的水箱口溅出，滴在缸盖、机体上，易使这些零件产生裂纹，冲坏气缸盖。不用漏斗添加冷却水，其后果与上述情况相同。

（3）当发动机运转时，若发现水箱中冷却水严重不足，应急速5~8分钟，待机温降至50~60℃后，才可添加冷却水；否则，会引起缸盖、机体产生裂纹。

2. 防止冷却系统漏水

冷却系统漏水，将导致水箱中冷却水减少，不能保证发动机正常工作。发动机漏水分内漏与外漏。

（1）内漏。冷却水通过气缸盖上水堵、缸套、阻水圈损坏处漏入油底壳。检查方法：将水箱里水加满，打开水箱盖，让发动机在大油门位置运转，观察水箱内水流情况。如有气泡涌上，即说明冷却系统漏气，应紧固缸盖螺栓，如仍漏气则应拆卸检查。

（2）外漏。机体外部漏水，应仔细检查。各接头漏水，应紧固各软管夹箍；水泵各衬垫或水封损坏漏水，应更换；散热芯子有裂缝，应焊补或堵塞，但堵塞、焊补面不宜超过10%。

3. 节温器必须保持良好技术状态

当发动机冷机开始运转时，水箱上水室进水管处有冷却水流出，说明节温器主阀不能关闭；当发动机冷却水温度超过70℃

时，水箱上水室进水管处无水流出，说明节温器主阀不能开启。如有上述情况，应拆下节温器进行检查。

4. 不许先启动后加水

冬季作业结束后，一般都把冷却水放出，第二天启动时，应先加水再启动。

5. 定期清除水垢

柴油机每工作 500～1 000 小时，应对水箱、水套内水垢进行清除。

清除时，先放尽冷却水，卸去水箱，用 25% 的盐酸溶液注入水套内并保存 10 分钟，使水垢溶解脱落，放出清洗液后，应用清水冲洗。如果水垢较多，一次冲洗不净，可重复冲洗。配制盐酸溶液时，应将盐酸慢慢倒入水中搅匀，切忌将水倒入盐酸中。

6. 定期检查保养冷却系

（1）定期检查风扇传动带张紧度，太松应加以调整，同时按规定在风扇、水泵轴承和张紧轮等处加机油或注润滑脂。

（2）发动机每工作 300～400 小时，检查水泵漏水情况。如丰收－35 型拖拉机，在发动机停转 3 分钟内漏水不应超过 6 滴，过多时换水封；新换水封后停转 3 分钟内漏水不应超过 2 滴，若仍漏水严重则应更换水封填料。

（3）清理散热器片。当散热器片及散热管间有堵塞情况时，应拆下外罩，用木片剔除散热器片与散热管间的污物、杂草及尘土。

7. 不可随意改装拖拉机水箱

为了避免水箱里蒸发出来的水蒸气阻碍驾驶员视线，把敞口水箱改成半封闭式。这样改装后，阻碍了水蒸气蒸发，减少了同外界空气对流散热，使机体中的热量不能及时散发出去，导致发动机温度过高，功率下降。

另外，还有人将水位指示器去掉。这样水箱里存水情况不能及时掌握，容易造成水箱缺水，使发动机过热。

8. 冬季应做好冷却系统的保养工作

（1）冬季作业结束后应及时放尽冷却水，放冷却水时应注意以下事项。

①作业结束后不许立即放掉冷却水。正确做法是让发动机在小油门位置怠速运转 5～10 分钟，待机温降至 50～60℃ 时才可放水。

②放水时观察放水孔有无堵塞现象。

③放完水后，为了彻底清除水道里的水，油门在关闭状态减压摇转曲轴二三十转。

（2）放完水的机器应及时进入机库，有保温帘的发动机应放下保温帘。另外在发动机上盖上破棉絮，加强保温，便于第二天启动。

（3）冬季启动发动机时，应向水箱里加注 80℃ 左右的热水，预热发动机。

（4）发动机启动后必须做好预热工作，否则由于机温较低，将导致燃烧不完全，排气冒黑烟，同时发出严重"敲缸"声。正确做法是在中小油门位置预热一段时间，当水温达 40℃ 时起步，60℃ 时才可正式投入作业。

9. 减少冷却系统中的水垢

将丝瓜筋去籽、洗净、晒干、切成适当长度，放在水箱中即可清除水垢。使用中注意事项：定期清洗丝瓜筋上面水垢和其他杂质，清洗时用适量洗衣粉，然后用干净清水冲洗；发现其破损及时更换，一般情况下一年更换一次；加的冷却水应是软水，且 2～3 个月更换一次。

第四章　农业推广技术

第一节　农业推广概述

一、我国现阶段农业推广的涵义

农业推广是应用农业自然科学知识和社会科学知识，采取教育、咨询、开发、服务等形式，采用示范、培训、技术指导等方法，将农业新成果、新知识、新信息，扩散、普及应用到"三农"中去，把潜在的生产力尽快转化为现实生产力，促进农业社会效益、经济效益和生态效益及人们生活水平全面提高的一种专门活动。包括狭义的农业推广和广义的农业推广。

1. 狭义的农业推广

是以改良农业生产技术为手段，以提高农业生产水平为目标的一个以单纯的农业技术推广活动。

基本涵义是：把大学和科研机构的研究成果，通过适当的方式、方法介绍给农民，使农民获得新的知识和技能并在生产中应用，从而增加产品产量和经济收入。当前，世界上绝大多数发展中国家的农业推广都属于狭义的农业推广，我国古代的"劝农"工作，20世纪60~70年代的农业技术推广，均属于狭义的农业推广，也可以认为是农业推广的第一发展阶段。狭义农业推广以传授农业技术为特征。

2. 广义的农业推广

当一个国家农业由传统农业向现代农业过渡时，农业科学技术已经不是限制农业生产的主要制约因素，农业商品生产比较发达时，农业推广已不是单纯的技术指导，还包括教育农民、组织农民等内容，这类推广工作的重点包括对成年农民的农事指导，对农家妇女的家政指导，对农村青年的"手、脑、身、心"教育和产前、产中、产后的技术服务。广义农业推广以教育为特征。

3. 现代农业推广

农村是一个包括社会、经济、技术、自然、文化等丰富内容的综合体，当农村综合发展达到一定程度（如西方部分国家已进入到现代化、企业化、商品化），农民的文化和科技水平已有极大的提高，农产品产量大幅度增加，甚至出现过剩。在这种情况下，农业推广工作的内容已由广义的农业推广扩展到农业生产与农民生活的综合咨询服务。推广工作的方法重视以沟通为基础的现代化信息传播和教育咨询，推广工作由单纯的增产增收发展到促进农村、农民、农业的综合发展及生活的改善。推广工作的形式多元化、科学化、法制化和定量化。现代农业推广是以咨询服务为主要特征。

二、农业推广学的性质

农业推广学是专门研究不同生产力发展阶段农业推广理论及方式方法，并指导农业推广实践的一门边缘性综合性学科。它是在不断总结各国农业推广实践经验的基础上，并不断吸收引进相关学科的有关理论，而逐步发展起来的一门既古老又新兴的综合性学科，具有较强的交叉性和应用性特点。长期以来，农业推广没有自己的学科归属。因为：

从农业推广的工作内容来讲，主要是农业信息、知识、技术和技能的应用，应属于农业科学或自然科学门类。

从工作过程和形式来讲，是研究如何采用干预、试验、示范、沟通等手段来诱发农民行为自愿变革，应属于农村社会行为学门类。

农业推广的主要工作内容虽然都涉及农业技术，但它不直接研究农业技术，而是研究如何组织和教育农民，因而它又属于成人教育或社会科学的范畴。

从农业推广学的任务之一是研究农业创新成果的扩散传播规律讲，应属于传播学的范畴。

从农业推广项目的管理层面来讲，它又属于管理学门类。

三、农业推广学研究对象及任务

1. 揭示农业科学技术应用于农业生产过程中农民行为变化规律及影响因素。研究总结各国农业推广工作的产生与发展历史，研究各个历史发展时期和不同农业发展阶段农业推广的性质、特点、推广的形式、方法及其效果，从中探索具有中国特色的农业推广新途径。

包括农民个体行为，群体行为的变化规律。影响因素包括：

文化背景：宗教信仰、风俗习惯、受教育程度；

自然因素：生态生产条件：山区、丘陵、平原、水域，生产力发展水平；

社会因素：政治体制、经济体制，法律、法规、政策等；

经济因素：经营方式、规模、收入、基础条件等；

个人因素：性别、年龄、健康、情趣、能力、理想。

2. 研究探讨农业推广机构的行为规律及效果包括领导行为、组织行为、社会宏观管理（调控）行为。

领导行为：农业推广目标确定，推广机构及人员的定位、报酬政策等；

组织行为：农业推广机构的体制设置，管理方式、运行机制等；

社会宏观调控行为：农业推广在宏观国民经济中的地位及其与行业的协调关系；

研究总结既定行为的效果，又不断试行创新行为的效果，择优调整。

3. 研究探讨有效的农业创新成果扩散传播形式包括方式、途径、方法、手段等。

方式（途径）：试验、示范、沟通、教育、培训、行政干预。

方法（手段）：个别指导、群体指导、大众媒介、信息网络等。

四、农业推广学的内容

1. 农业推广理论部分农业创新扩散原理，科技成果转化原理，农民行为转变原理，农业推广学的产生与发展史，农业推广与外部环境关系，社区发展理论、农业推广学研究方法等。

2. 农业推广技能部分农业推广的方式与方法，试验与示范，信息服务，经营服务，写作与讲演，推广组织和计划的管理与评价，推广人员的管理与培训，农业推广教育，家政服务。

第二节　农业推广试验

农业科技成果是在特定的实验条件下产生的，适应于一定范围，有很大的生态区域性和技术局限性。而农业生产条件十分复杂，不同地区的气候条件、生产条件、经济状况、生产习惯、科技文化素质的差异，都对农业技术成果具有强烈的选择性。某项技术成果应用于生产，既具有增产增收的可能，同时又具备不确定性，这就要求在推广之前必须增加试验环节，以验证该技术成果的适应性和实用性，并通过试验，寻求符合当地实际的最佳技术参数，在原引进技术成果基础上进行再创新。

一、农业推广试验的类型

在农业推广过程中，不论是种植业还是养殖业，均需要做各式各样的试验，这些试验可能在规模上有大有小，在时间方面有长有短，在涉及的因素方面有多有少，因而有多种分类方法。按因素多少可分为单因子、多因子或综合试验，按时间可分为一年或多年，按小区大小可分为小区和大区。从试验的性质上划分，一般可归纳为适应性试验、开发性试验和综合性试验三大类型。

1. 技术适应性试验

技术适应性试验是将国内外科研单位、大专院校的研究成果，或外地农民群众在生产实践中总结出的经验成果，引入本地区、本单位后，在较小规模（或面积）上进行的适应性试验。适应性试验的主要目的是观测检验新技术成果在本地区的适应性和推广价值。

2. 探讨性开发试验

所谓开发性试验，是指对于某些引进的新技术、新品种、新项目，进行探讨性的改进试验，以寻求该项新技术成果在本地最佳实施方案，使其更加符合当地的生产实际，技术的经济效益得到更充分的发挥。开发性试验是理论联系实际，对原有技术成果进行改进创新的重要过程。

3. 综合性试验

综合性试验从理论上讲也是一种多因素试验，但与多因素试验的不同在于，试验所涉及因素的各水平不构成平衡的处理组合，而是围绕农业"八字宪法"，将若干因素已知的最佳水平组合在一起作为试验处理。实际上，综合试验就是以第一目标为主线，将多个相关内容的技术成果的组装集成。

二、农业推广试验的基本要求

1. 试验目的要明确

通过对拟引入推广的新技术成果的适应性，开发性试验，验证其适应性、先进性、实用价值和经济效益；结合当地气候条件、生产条件，对引入成果进行技术改进。有了明确的目的，不仅可以抓住问题的关键，而且可以节省人力、物力、财力，提高推广工作效率。

2. 试验要有代表性适应性或开发性

试验的代表性包括试验条件和试验材料两个方面。试验条件包括：自然条件（包括气候、地形、地势、土壤质地、地下水深等）；生产条件（包括土壤肥力、耕作制度、排灌条件、施肥水平、农业机械化程度、生产者技术水平和经济条件等)。

自然条件和生产条件的代表性,是指试验条件应基本代表农业技术将要推广地区的自然和生产条件。只有这样,才能有助于该技术的迅速推广;否则,试验结果就很难应用到所服务的大田生产实践中去。

试验材料的代表性,是指试验所用材料必须是引入技术最典型的材料,对照也是最具典型代表的材料。

3. 试验结果要准确可靠

适应性试验与农业生产一样,是在开放系统中进行,受气候等不可控因素影响较大,因而重演性较差。但在气候等生态条件基本相同条件下,应能够获得与原试验基本相类似的结果,这是科技成果推广所必需的前提条件,因而要求适应性试验和开发性试验结果必须准确可靠。这里所指的可靠包括试验的准确度和精确度两个方面。因此,在试验过程中,应在试验设计、材料选择、测试工具、量具及试验实施过程中每一个环节,都要认真严谨,使系统误差和随机误差降到最低限度,保证试验的准确性。

三、试验设计与误差控制

1. 试验误差的来源

(1) 系统误差:系统误差是指在相同条件下,多次测量同一目标量时,误差的绝对值和符号保持稳定;在条件改变时,则按某一确定的规律而变化的误差。系统误差统计意义表示实测值与真值在恒定方向上的偏离状况,反映了测量结果的准确度。系统误差主要来源于测量工具的不准确(如量具偏大或偏小),试验条件、环境因子或试验材料有规律的变异及其试验操作上的习惯性偏向等。

(2) 随机误差:随机误差指在相同条件下多次测量同一目标量时,误差的绝对值和符合的变化时大时小,时正时负,没有确定的规律,也不可预定的误差。这种误差的统计意义表示在相同条件下重复测量结果之间的彼此接近程度,它反映了测量结果的精确度。随机误差主要来源于局部环境的差异，试验材料个体间的差异，试验操作与管理技术上的不一致，试验条件（如气象因子、栽培措施）的波动性。随机误差大小反映了测量值之间重复性的好坏，是衡量试验精确度的依据。

2. 试验设计与误差控制

克服系统误差，控制与降低随机误差是田间试验设计的主要任务，也是试验设计原则的出发点和归宿。要降低试验误差，必须分析试验中主要受哪些非处理因素的影响，从试验设计中加以控制，从试验的实施和取样测定过程中加以控制，才能获得无偏的处理平均值和误差的估计量，从而进行正确的比较，得出符合客观实际的结论。遵循试验设计原则，是降低和正确估测误差的有效方法。

（1）重复原则：试验中同一处理在实际中出现的次数称为重复，从理论上讲重复次数越多，试验结果的精确度越高，但由于实施过程中受试验材料、试验场地、人力、财力的限制，一个正规的试验一般要求设 3~5 次重复。

设置重复有两个方面的作用。

第一是降低试验误差，提高试验结果的精确度。

第二是估计试验误差，只做一次试验的结果，无法估计误差，二次以上的重复试验，才能利用试验结果之间的差异来估计误差。

（2）随机原则：随机是指在同一个重复内，应采取随机的方式来安排各处理的排列次序，使每个处理都有同等的机会被分配在各小区上。随机的目的和作用在于克服系统误差和偶然性因素对试验精确度的影响。一般在试验中对小区进行随机排列，可采用抽签法或随机数字表法。

（3）局部控制原则：局部控制就是分范围分地段控制非处理因素，使其对各处理的影响趋向于最大程度的一致。局部控制总的要求是在同一重复内，无论是土壤条件还是其他任何可能引起试验误差的因素，均力求通过人为控制而趋于一致，把难以控制的不一致因素放在重复间。

当试验的处理数较少，正好等于重复次数时，一般采用拉丁方设计，拉丁方设计的优点行与列均可成为一个区组（重复），局部控制的效果最佳。

（4）唯一差异原则：是指试验的各处理间只允许存在比较因素之间的差异，其他非处理因素应尽可能保持一致。

在推广的适应性试验和开发性试验中，一般需遵循唯一差异原则，而综合性试验则可例外。

试验研究证明，对唯一差异原则也不能机械地照搬。

3. 常用的田间试验设计

（1）单因素二水平（即处理）设计：单因素二水平设计是农业推广试验中最简单的试验，也较为常见。如某地区引进一个新品种或新的土壤耕作技术，鉴定其增产效果，就属于这种最简单的试验。试验中仅有两个处理，其中一个为对照。

①单因素两处理的成组设计：两个处理的成组设计是指两个处理为完全随机设计，处理间的各供试单位彼此独立，这样的试验设计称为成组设计。采用成组设计所获得的试验数据称为成组数据，数据分析时以处理平均数作为相互比较的标准。统计分析采用 t 测验。

②单因素两处理的成对设计：两个处理的成对设计是指把性质相同的供试因素配成一对，并设有多个配对重复。实际上，这种试验设计就是单因素两个处理的随机区组设计，所测得的观察值称为成对数据。由于同一配对内两个供试单位的试验条件很接近，而不同配对间的条件差异又可通过同一配对的差数予以消除，因而试验误差可以控制，具有较高的精确度。基层推广人员多采用这种方式调查分析新旧品种产量差异。

（2）随机区组设计

①单因素的随机区组设计：这种试验设计是依据局部控制的

原则，把试验地按肥力划分若干重复，而每个重复区组内小区则完全随机排列。这种试验设计由于设计简单、能提供无偏的误差估计、对试验地的地形要求不严等，因而在农业推广试验设计上经常被采用。不足之处是这种设计不允许处理数太多，否则由于试验面积的增大，局部控制效率降低。一般处理数以6～10个为宜。

②两因素随机区组设计：试验中如果两个因素同等重要，而处理的组合数又不太多时，采用两因素随机区组试验设计。两因素的随机区组试验设计，就是把单因素的处理变成两因素的处理组合。与单因素随机区组试验设计原理一致，试验的组合数以8～16个为宜，区组和小区的排列与单因素随机区组试验完全。

四、农业推广试验方案的拟定与实施

农业推广试验涉及农作物种植业，林果、蔬菜、花卉、药材、畜禽、牧草、水产、农机具等方方面面。除农机具方面是做它们的作业性能及其对作物影响效果以外，其他各业都是通过试验研究鉴别农业措施对生长发育和产量、品质的影响程度，或物化成果本身对环境的适应程度。虽然植物与动物、草本与木本、哺乳与节支之间，存在许多差异，但在试验方法及实施步骤方面，也有许多共同的规律。本节主要以种植业为例，阐述试验方案拟订的原则及实施通要，其他各业可触类旁通的借鉴之。

1. 试验方案的拟定

试验方案也称试验计划，是指在试验未进行之前，依据当地科技推广的需要，拟进行哪方面的试验，采取何种方法进行试验，试验的设计，实施时间、场地，调查项目及测试仪器解决途径，期望得到哪些结果，所得结果对当地农业生产的意义和作用等诸项内容的一个总体规划。拟定试验方案，一是为了试验者的思路更系统、明晰，提高可行性；二是为了向上级有关管理部门申请经费或其他方面的协助。拟定试验方案应注意以下两个方面的关键问题。

（1）试验题目的选择：主要面向当地的生产实际，在高产、优质、高效和可持续发展的原则下，以解决当地生产急需技术、或有发展前景的实用技术为主。诸如：

①如何躲避、预防、忍耐或高效利用当地水资源的实用技术；

②立体种植、复合群体的最佳搭配模式；

③如何保证瓜果、蔬菜产品中农药和重金属残留量的实用技术；

④采用何种种植结构和耕作制度，更能发挥当地的自然资源和社会资源优势，提高生产效益；

⑤在现有生产条件下如何提高作物的单作产量和质量的实用技术；

⑥瓜果类产品保鲜和水产活体暂养的实用技术；

⑦秸秆类废弃物综合利用实用技术等。

（2）选题来源：一是通过各种信息媒体得知并确认，国内外研究部门或生产部门已有的，但尚不明确在当地是否可行的新技术成果；二是推广者本人或当地群众在生产实践中已经取得一些初步认识，但尚无十分把握的技术项目。

（3）试验因素及水平的确定：在拟定试验方案时，科学的选择试验因素和适宜的水平，不但可以抓住事物的关键，提高试验的质量和效益，而且可以节省人力、物力和财力，收到事半功倍之功效。试验水平的确定应掌握好 3 个原则：

①居中性：就是水平上下限之间应包括某研究因素的最佳点，因而水平的确定要适中；

②等距性：即对某些可用连续性衡量（如长度、重量等）因素，水平之间的距离要相等，更便于分析处理；

③可比性：指某些试验因素，无法用连续性度量进行统一衡量不连续的性状。

2. 试验步骤实施

（1）制定实施计划：总体方案确定之后，需做一个详细的实施计划，主要内容包括：简要的试验目的和意义，试验的地点、时间，试验地概况，田间种植图（包括小区面积、形状、处理排列、行、株距、保护区及人行道长宽，保护作物要求等），调查内容、时期、标准，测产取样方法等。

（2）试验物质准备：试验进行之前，严格按计划要求购置准备多于试验实际需要量20%～30%的各类物质材料，如机具、肥料、种子、农药、农膜、网具、配料工具、测试量具、纸牌、纸袋、尼龙袋等。不同试验需要物质不同，使用时期也不同，但必须在使用前20天，按计划规定的规格型号准备齐全。

（3）严格落实农艺操作：试验的实施过程，应严格按照唯一差异原则落实各项农艺操作，做到适时、准确、一致、到位。只有做到以上4点，才能将各处理真实的优点发挥出来，把误差降到最低限度，不至于让误差掩盖处理的实际效益。

（4）观测记载：观测记载数据是分析鉴别各处理间差异及形成原因的主要依据，要求在调查标准、测量工具、定点方法、取样方法等方面做到尽量统一。对一些需要同一个体不同生育期进行反复调查的项目，应采取固定调查。对那些必须取样测定的项目，只有采取随机取样方法，但必须运用局部控制原则保证样本的代表性。对一些难以判别的调查项目（如小麦的挑旗期群体），尽量由一个人完成，以避免掌握标准的不一致。如果一个人的确不能在规定的时间内完成，也要每人完成一个重复。

对于测定项目，因试验目的不同，作物不同，较难统一。但观察记载项目一般应包括：降水量、低温、高温等异常情况的出现日期及次数，农事操作方面的浇水、施肥、病虫防治时间及用量，播种日期、成熟期、关键阶段的长势长相及抗逆特点，以及非人为因素给某个处理某个小区带来影响等项目。

（5）试验的收获：推广试验关注的重点在最终的结果，所以收获期的数据至关重要。对一些不以产量为主要考查目标的试验，可在收获前，对相关目标进行及时、准确、多重复的测量调查。对以产量为目标的试验，一要采取实测法，不可用理论测产法；二要核准各小区面积；三要严把脱粒关、晾晒关和量具的统一性，以避免偶然性非试验因素带来的影响。

五、试验的总结

试验总结的过程，也是对研究事物再认识的过程。首先应对观测数据进行科学归纳，运用统计手段从繁杂的现象中抽象出本质的规律，然后按照既唯物又辩证的多向思维去分析所获客观规律形成的原因，以便进行更深入的研究，达到真正意义上的再创新。对一些效果显著、规律性较好的试验，可按科技论文形式撰写并发表。对某些无规律可循且效果不显著的试验，应及时修改试验方案，进行下一轮试验。

第三节　农业推广经营

一、农业推广经营服务概述

(一) 指导思想

农业推广经营服务的主要目的是通过农业推广机构全程系列化服务，解决农民生产和生活中的各种实际问题，以保证农业生产各个环节的正常运转，实现各生产要素的优化组合，获得最佳效益。

通过开展经营服务，增强推广机构的实力与活力，提高推广人员的工作和生活待遇，稳定和发展推广队伍，促进农业推广事业的发展。从这一目的出发，农业推广经营服务的指导思想，应是以服务农民为宗旨，推广机构与农民形成利益共同体，依靠一种新的机制推动农业生产和农村经济的发展。

（二）基本原则

1. 盈利性原则

作为一个经营性组织，要想在市场中立于不败并寻求发展，必须以盈利为第一原则，如果常年亏损，自身都难以维持，不可能为农业、农民、农村提供良好的服务。

2. 软硬结合的原则

推广项目的实施需要相应的物资、资金等方面的配套投入，推广机构应充分利用硬条件对软服务的支撑作用，软服务对硬条件的活化作用，软硬结合，相得益彰。

3. 自愿原则

推广项目的产出效果在很大程度上取决于实施过程中使用者的能动性，自愿才能自觉，才能按规程操作，达到应有的产出效率。

4. 符合地区产业发展原则

推广项目要因地制宜，与地区经济发展紧密结合，与地区产业发展政策协调一致。

5. 符合农民知识能力的原则

推广项目要因人而异，要充分考虑农民素质和承受能力，力求简单易行。

二、农业推广经营服务的业务范围

（一）产前提供信息和物资服务

产前是农民安排生产计划，为生产做准备的阶段。这时，农民需要了解有关的农业经济政策、农产品市场预测（价格变化、贮运加工、购销量等）、生产资料供应等方面的信息，使生产计划与市场需要相适应。同时，农民需要有关服务组织提供种子、化肥、农药、薄膜、农机具、饲料等生产资料，以赢得生产的主动权。推广部门应根据农民的需要，广泛收集、加工、整理有关信息，并及时通过各种方式传递给农民。同时，积极组织货源，"既开方，又卖药"，向农民供应有关生产资料，并介绍使用方法。

（二）产中提供技术服务

产中技术服务就是根据农民的生产项目及时向农民提供新的科技成果和新的实用技术。服务的方式包括规模不等的技术培训、印发技术资料、制定技术方案，进行现场指导、个别访问、声像宣传、技术咨询以及技术承包等。

（三）产后提供贮运、加工和销售服务

我国农村商品经济的发展尚处于初级阶段，产后服务这一环节还相当薄弱。推广部门产后服务：

一是采取直接成交或牵线搭桥的办法，帮助农民打通农产品的内外贸易销路；

二是发展农产品加工业，主要指以农牧水产品为原料的加工业，包括碾米、磨面，肉制品、水产制品、果菜制品、淀粉加工，酿酒、制糖，饲料、油脂、糕点、饮料加工制造、棉纺、毛纺、皮革等多方面。发展农产品加工，不仅可以实现产品的增值，同时还是安排农村和城镇剩余劳动力的重要途径；

三是贮藏保鲜，可延长产品的供应期，以调剂余缺，增加收入；

四是运输，把农产品运销出去，变资源优势为商品优势。产后服务的潜力很大，商品生产越是发展，对产后服务的要求就越高。

三、农业推广经营服务中的营销观念

农业推广经营服务有自己特殊的规律，只有认识和掌握服务对象和产品的一般特点，把握农业推广经营服务的指导思想和基本原则，树立现代营销观念，才能制定出一套行之有效的营销策略和管理方法。

（一）用户观念

现代市场观念的核心，就是要树立牢固的用户观念，"用户是上帝"，任何时候都是最终评价产品的最高权威。即农业推广机构必须以农民的需要为出发点，改变过去那种只对上级负责，不对农民负责，不对市场负责的做法，把立足点转移到为农民服务，对农民负责方面来，时刻想着农民的需要，按农民的需要安排自己的经营，并对农民提供各种完善的服务，这样的经营服务才会具有顽强的生命力。

（二）质量观念

质量是持续经营的第一需要，农业推广机构所提供的项目要物美价廉、货真价实。靠质量求生存，靠质量求发展，同时，价格要考虑农民的承受能力。

（三）服务观念

服务既是推广机构向农民履行保证的一种手段，又是生产功能的延长。通过优质服务，拓宽销售渠道，是推销产品的一种行之有效的方法。

（四）价值观念

以价值尺度来计算经营活动中的劳动消耗（包括物化劳动和活劳动等），并与产出进行分析比较，成本低于社会成本，这时经营服务才会有利可图。

（五）效益观念

推广经营服务的基本点应该是社会所需，这样农业推广机构的"所费"才是有效劳动，否则，作为经营者是无效益可言的。效益观念要求农业推广经营服务体现价值和使用价值的统一、生产和流通的统一、增产和节约的统一，只有在三个统一的基础上讲究经济效益，才算掌握了效益观念的真谛。

（六）竞争观念

在市场经济的条件下，任何经营服务都承受着竞争的外部压力，同时也存在着参与竞争的广阔领域和阵地。农业推广机构必须树立牢固的竞争观念，不断提高自己的竞争能力；只有通过参与竞争，才会争得市场的一席之地；要敢于竞争，善于竞争，以便主动适应瞬息万变的市场，最终争得更多的用户，以保证经济效益的不断提高。

（七）创新观念

农业推广机构为了求生存、求发展，必须开动脑筋，多创新意，独辟蹊径，不断地对新的科研成果和技术，进行适应性改造，制定出完善的推广配套措施，并通过媒介宣传，激发目标农民兴趣，争取用户，影响市场，开拓市场，创造市场，从而使自己在同行业竞争中处于领先地位。

（八）信息观念

市场经济就是知识和信息经济，不懂信息就不能在竞争激烈的市场中站稳脚跟，特别是农业推广工作，由于其风险性、收益滞后性、生产项目更改的困难性，把握信息就显得更加重要。

（九）时效观念

农业推广经营服务要在快、严、高上下工夫。所谓快，指的是对市场的变化反应要快，决策要快，新产品的开发要快，老产品的更新要快，产品销售也要快。快了就主动，快了就能抓住战机；否则，永远处于被动地位。所谓严，要求经营服务计划严密，各要素、各部门、各环节都要按经营计划有序地进行，以便生产出高质量的产品，充分满足社会的需要。所谓高，就是要求工作效率要高，工时利用率要高，工作计划性和准确性要高。同时，对各项工作要求规范化、标准化和合理化。

（十）战略观念

在战略和战术问题上，超前的战略显得更为重要。每一个农业推广机构都应构建独特的战略观念，形成完整而统一的经营思想，这是搞好农业推广经营服务的前提。

四、农业推广经营服务的程序

（一）及时了解市场经济政策

经济政策是政府对市场进行宏观调控的重要手段，是影响和指导经济活动并付诸实施的准则。如：经济计划、财政政策、货币政策、产业政策、区域政策、收入分配政策等都是政府宏观调控的主要政策内容，只有及时了解，才能使经营服务符合政府的调控目标。

（二）认真分析市场环境

市场环境是指影响农业推广经营服务的一系列外部因素，它与市场营销活动密切相关。农业推广经营服务部门根据这些因素来分析市场需求，组织各种适销对路的项目满足农民需求，并从市场环境中获取各种物化产品，组成各种推广配套措施，再通过各种外部渠道，送到农民手中。

对市场环境进行分析，就是对构成市场环境的各种因素进行调整和预测，明确其现状和发展变化趋势，最后得出结论，确定市场机会。市场环境因素通常包括以下6种：

1. 人口因素人是构成市场的首要因素，哪里有人，哪里就产生消费需求，并形成市场。人口因素涉及人口总量、地理分布、年龄结构、性别构成、人口素质等诸多方面，处于不同年龄段和不同地区的人消费就不同。农业推广机构一定要考虑这些变化，按照需求来安排经营服务。

2. 经济因素在市场经济条件下，产品交换是以货币为媒介的，因此购买力的大小直接影响到人们对产品的需求。在分析经济因素时，应注意分析各阶层收入的差异性、人们消费结构、老百姓储蓄的动机等。此外，还应考虑整个国家发展对市场的影响，如经济增长时期，市场会扩大；相反，经济停滞时，市场会萎缩。

3. 竞争因素竞争是市场经济的基本规律，竞争可以使推广经营服务不断改进、提高质量、降低成本，在市场上处于有利地位。竞争涉及竞争者的数量、服务质量、价格、销售渠道及方式、售后服务等诸多方面。在经营中，应将竞争对手排队分类，找出影响自己的主要对手，选取对策，力争在竞争中获胜。从长远看，要不断调整竞争策略，如"人无我有，人有我优，人优我廉，人廉我转，人转我创"。

4. 科技因素科学技术是第一生产力，农业的发展很大程度依赖于技术进步。如：地膜覆盖技术与温室大棚的推广应用使得一年四季都能生产蔬菜，解决了蔬菜常年均衡供应的问题，使淡季不淡。因此，在科学技术飞速发展的时代，谁拥有了技术，谁就占领了市场。

5. 政治因素指国家、政府和社会团体通过计划手段、行政手段、法律手段和舆论手段来管理和影响经济。

其主要目的有三：

①保护竞争，防止不公平竞争；

②保护消费者的权益，避免上当受骗；

③保护社会利益。

农业推广机构必须遵纪守法，合法经营，以求长远发展。

6. 文化因素不同文化环境，不同文化水平的阶层有不同的需求，文化环境涉及风俗习惯、社会风尚、宗教信仰、文化教育、价值观等。

（三）在细分市场中确定目标市场

作为经营服务者，考虑的只是谁是买主，也就是把购买者当做市场。不同的购买者，由于个性、爱好和购买能力、购买目的不同，在需求上存在着一定的差异，表现为需求的多样化。如果把需求相近的购买者划分为一类，就是市场细分。经营服务者可以针对某一细分市场的需求，来组织适销对路的推广项目和配套措施，并采取适当的营销方法占领这一市场，取得较大的市场份额和最好的经营效果。确定目标市场一般分 3 个步骤：

1. 预测目标市场的需求量既要预测现实的购买数量，也要对潜在增长的购买数量进行预测，进而测算出最大市场需求量。其大小取决于购买者——农民对某种推广项目及配套措施的喜好程度、购买能力和经营服务者的营销努力程度。经营服务者根据所掌握的最大市场需求量，决定是否选择这个市场作为目标市场。

2. 分析自己的竞争优势 市场竞争可能有多种情况，如品牌、质量、价格、服务方式、人际关系等诸多方面，但无外乎 3 种基本类型：

一是在同样条件下比竞争者定价低；

二是提供更加周到的服务，从而抵消价格高的不利影响；

三是品牌优、质量高。

经营服务者在与市场同类竞争者的比较中，分析自己的优势与劣势，尽量扬长避短，或以长补短，从而超越竞争者占领目标市场。

3. 选择市场定位战略经营服务者要根据各目标市场的情况，结合自身条件确定竞争原则。

第一种是"针锋相对式"的定位，即把经营产品定在与竞争者相似位置上，同竞争者争夺同一细分市场，你经营什么，我也经营什么，这种定位战略要求经营服务者必须具备资源、成本、质量等方面的优势，否则在竞争上可能失败；

第二种是"填空补缺式"的定位，即经营服务者不去模仿别人，而是寻找新的、尚未被别人占领，但又为购买者所重视的推广项目，采取填补市场空位的战略；

第三种是"另辟蹊径式"的定位，即经营服务者在意识到自己无力与有实力的同行竞争者抗衡时，可依据自身的条件选择相对优势来竞争。

第五章　农业信息化发展与应用技术

第一节　农业信息化技术概述

一、农业信息化技术的定义

（一）信息（information）

1. 信息的定义

到目前为止，关于信息的定义尚无统一的说法，不同的行业和不同的学者对信息的认识有以下几种：

在情报学领域，俄罗斯情报学家 A·N·米哈依洛夫认为，信息是"作为存贮、传递和转换对象的知识"。

在通信领域，信息论的奠基者美国人香农（Shannong）把信息看做是"能消除人们认识不定性的东西"，他认为信息具有知识性。

在社会学领域，美国数学家、控制论创始人诺伯特·维纳认为："信息是人们适应外部世界，并且使这种适应反作用于外部世界的过程中，同外部世界进行交换的东西。"

我国著名科学家钱学森认为，"信息是为了解决一个特定问题所需要的知识"，这个定义强调了信息的价值与可利用性的特征，说明人们收集、处理与传递信息的目的是为了解决客观现实中存在的问题。

著名教育家钱伟长认为，"信息就是来自外界的刺激，我们把刺激收集起来存在机器里，就是数据。……数据通过分类、检索、加工、系统化，就可以从这里找到某个问题的回答"。他强调了信息有可处理性，并指出数据通过加工处理，就可以获得具有新内容的、能用来解决某个问题的信息。

信息论的创始人、美国数学家申农，在他的《通信的数学理论》一文中最早给信息下的定义是：信息是两次不定性之差，用以消除随机不确定性的东西。不确定性就是原来的情况不清楚，人们使用各种办法经过研究后，了解了情况，不确定性减少或消除了，人们则获得了新的知识。

控制论创始人美国科学家维纳，在《人有人的用处》一文中给信息下的定义是："信息是我们用于适应外部世界，并且在使这种适应外部世界所感知的过程中，同外部世界进行交流的内容的名称。"

此外，还有学者把信息作为"数学"（数字，图表，温度，时间，尺寸等）和"进化论"、"控制论"来理解。

总之，在不同的领域从不同的角度对信息的定义是不同的，但通常可以从狭义和广义两个层次来理解。从狭义上讲，信息是借助媒介反映一种有利用价值的知识，包括数据、资料、情况、认识等；从广义上讲，"信息是存在于客观世界的各种事物特征和变化的反映，是具有新内容、新知识并对解决某一问题有用的内容"。在社会生产中，它反映了生产、流通和消费的全过程；在交流领域，它涉及时事政局、政府计划、政策法规、财政金融、科学技术、商业贸易、企业竞争、市场行情、经营管理及社会倾向等；在时态上，它存在于过去、现在和未来。信息具有贮存性、传递性、知识性和实用性。

2. 信息的条件

信息必须具备 3 个条件，一是新颖性，必须具有新内容和新知识，不是过时的或人们已经熟知的东西。二是知识性，信息是知识的源泉或素材，知识则是系统化、精练化的信息。信息应具有一定的知识内容，要获得知识必先获得信息，通过对大量信息的加工和提炼，才能形成专业知识。三是实效性，对使用信息的人而言，信息必须是能够解决问题的有用和有效的知识。

3. 信息与物质、能量和数据的区别

信息的存在需要物质作载体，在传递中需要消耗能量，同时还需要一定的形式和方法进行表达。

信息不同于一般意义上的物质。在自然界，物质被转移后在原来的地方就不存在了，而信息传递后，信息所有者所拥有的信息并不会因此而丧失或减少；物质都有一定的质量，而信息除需要物质做载体外，本身并没有质量。信息不同于能量。能量可以转换，并遵守能量守恒定律，而信息在传递过程中会受到干扰，造成信息失真或丢失，信息传递时也需要消耗能量。信息也不同于一般的数据。数据是一组表示数量、行动和目标的非随机的、可鉴别的符号，数据是信息的载体。此外，信息还可以通过符号、声音、文字、图形、图像等表达和传播，具有共享性、普遍性、依附性、时效性、价值性、相关性与无关性和真伪性等多个特征。因此在信息社会中，通过对信息的收集、输入、加工、输出、存储和传输等过程，可实现信息对社会发展的促进功能。

（二）农业信息（agricultural information）

1. 农业信息

农业作为第一产业，在其生产过程中离不开信息，信息的作用是巨大的。而农业信息是有关农业系统的消息、情况或知识，是信息在农业领域内的体现。

2. 农业信息的类型

一般包括农业环境信息、农业社会信息、农业生产信息和农业科技信息四大类型（图5-1）。

3. 农业信息的特点

农业信息既有与一般信息相同的共性，也有不同于一般信息的特性，主要表现在如下几个方面：

第一，发布时效性。在我国广大地区，农业工作者经常需要获得农作物栽培技术、土壤改良技术、农产品市场情况等信息，其信息时效价值一般要大于其他领域，需要有效、迅速、及时地被传播出去是这种信息的特点。

第二，地域性。表现在地形、地貌、土壤类型、气候状况、

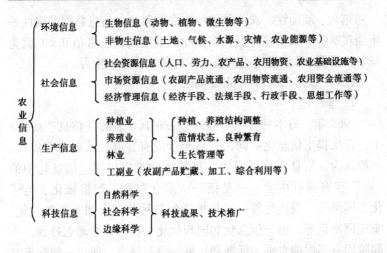

图 5 – 1　农业信息类型

作物种类、土地利用类。

图 5 – 1 农业信息的组成类型、水资源状况等方面，这些信息均随区域不同而不同。同一区域或地块之间甚至是地块内作物的产量也存在着显著差异。因此，任何农业技术、优良品种都要与当地自然、社会条件相结合，否则不能收到良好的效果。

第三，周期性和有效性。农业信息大体以生物的发育过程为一个周期，每个生育期又可分为不同的生长阶段，这些生长阶段具有固定的时序特征。同时，农业信息是一种动态的信息，时限性极强，超过时限的信息不仅降低价值，而且有可能是完全错误的。

第四，综合性。农业本身是复杂的综合系统，农业信息是多门数据综合的结果。例如，作物长势信息实际上是土壤、气候、农田管理等信息的综合体现，农产品市场价格变化趋势信息是获取一个时期多个市场的大量数据并经一定的数据统计方法综合分析的结果。

第五，滞后性。如土壤施肥点周围的土壤和作物体内营养元素浓度的变化，往往具有明显的滞后特征。进行这类信息的加工处理和决策分析时必须考虑到这一信息的特点。

第六，准确性。农业是群体生命的科学，信息数据准确性是生命科学的一个重要特点。作物叶面温度超过正常值 0.2℃就为异常，土壤 pH 值超过适宜值 0.4 的作物就难以生存。

（三）信息化（IT application）

1. 信息化

1963 年，日本社会学家梅倬忠夫在其发表的《信息产业论》中，首次提出信息化一词，但是至今没有普遍公认的对等定义。一般认为，信息化是指现代信息技术的推广应用。信息化中的"化"字有两种内涵：一是指一个演化过程，如机械化、电子化、网络化、现代化等；二是指达到某种状态，如实现现代化、实现网络化等。由于信息化如同现代化一样是一个动态过程，不同阶段有不同的水平、标准和尺度，没有终点，所以一般在定义信息化时多将其看成是一个过程。信息化可以理解成解决特定问题、实现既定目标的手段或路径，即需要通过利用现代信息技术来达成期望目标。

2. 农业信息化（agricultural IT application）

农业信息化是社会信息化的一部分，它首先是一种社会经济形态，是农业经济发展到某一特定过程的概念描述。同时，农业信息化又是传统农业发展到现代农业进而向信息农业演进的过程，表现为农业从以手工操作或半机械化操作为基础发展为以知识技术和信息控制装备为基础的转变过程。农业信息化可以理解为将各种信息化技术普遍应用于整个农业领域的生产、管理及服务的全过程，使农业生产高度信息化、智能化，从而极大地节约劳动成本、提高农业效率和农业生产力水平的过程。农业信息技术是包括空间技术（"3S"技术）、计算机技术、微电子技术、通信技术、光电技术、数字化技术等各种相关技术的总和。农业信息化内容主要包括农业生产信息化、农业资源信息化、农业科技信息化、农产品市场信息化、农业管理信息化、农业服务信息化和农民消费信息化等方面。其总体目标包括农业专业化、产业化、区域化、集约化和社会化，甚至还有市场国际化。

（四）信息化技术（IT application technology）

1. 信息化技术

是指利用电子计算机和现代通信手段实现获取信息、传递信息、存贮信息、处理信息和显示信息等的相关技术。信息技术的实现主要依靠微电子技术、通信技术、计算机技术和网络技术等。20 世纪末，信息技术在各国国民经济各部门和社会各领域得到了广泛应用，不仅改变了人们的生产、生活及工作方式，也促使人类社会产业结构发生了深刻变革。

2. 农业信息化技术（agricultural IT application technology）

是现代信息技术和农业产业相结合的产物，是计算机、信息存储与处理、通信、网络、人工智能、多媒体、遥感、全球定位、地理信息系统等技术在农业领域的移植、消化、吸收、改造和集成的结果，是系统、高效地开发和利用农业信息资源的有效手段。利用这些手段，可以把农业资源与环境中大量有用的数据自动、快速、有效地采集并储存起来，通过分析整理，发现问题，继而寻求解决问题的方法。

农业信息化技术与各种新型农业技术的结合，遍及农业科研、生产、经营、管理等各个领域，并对传统农业的改造加速了农业的发展和农业产业的升级。

3. 农业信息化技术的组成

农业信息化技术至少包括 3 个层次：第一层是信息基础技术，即有关材料和元器件的生产制造技术，它是整个信息技术的基础；第二层是信息系统技术，即有关信息获取、传输、处理、控制设备和系统的技术，主要有计算机技术、通信技术、控制技术等；第三层是信息应用技术，即信息管理、控制、决策等技术，是信息技术开发的根本目的所在。信息技术的这 3 个层次互相关联，缺一不可。

农业信息化技术是指集信息采集技术、信息处理技术、信息模拟技术为一体的技术体系（图 5 - 2，图 5 - 3）。其中，农业信息采集技术包括传感技术（物理传感器、化学传感器和生物传感器）、遥测技术、遥感技术及摄像、扫描技术；农业信息处理技术主要包括信息识别技术、信息转换技术、信息加工技术、信息存储技术四大部分，核心是计算机技术。农业信息传输技术包括光纤通信、卫星通信、激光通信、传真通信及超导通信技术，以及由计算机与通信技术结合而形成的计算机通信网络技术；农业信息控制技术是以控制理论为基础，利用信息传递和信息反馈来实现对目标系统控制的技术。

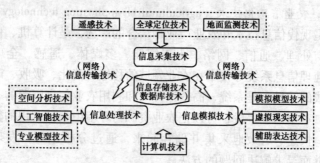

（引自：王人潮等，2003）

图 5 - 2　农业信息技术体系框图

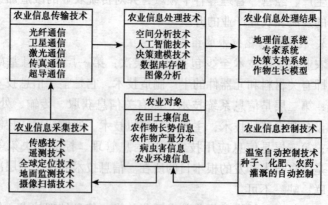

图 5 - 3　农业信息技术

第二节 农业信息化技术的构成

农业信息化技术主要包括农业数据库技术、农业专家系统、农业模拟模型、农业信息网络技术、农业管理决策技术。

一、农业数据库技术

数据库技术是在计算机技术不断发展的基础上形成的一种有效地解决数据管理的技术。农业数据库技术是用来对农业生产和科学活动过程中产生的数据进行有效组织、管理和利用的电子技术，是信息技术在农业领域中应用最早也是最基础的一项技术。

数据库技术的发展经历了电子数据处理 EDP（Electronic data processing）、管理信息系统 MIS（Management information system）、决策支持系统 DSS（Decision support system）和综合利用 4 个阶段。20 世纪 70 年代第一代数据库技术诞生后，很快便开始在农业领域中应用。首先应用的是农业企业中的财会管理和作物生产管理，接着扩展到农业机械和畜禽生产管理、农业经济分析、农业科学研究等方面。联合国粮农组织（FAO）、国际应用系统分析研究所（IIASA）、世界观察研究所（WWI）及美国农业部（USDA）等都投资建立了大量的农业生产数据库和农业经济数据库，覆盖面遍及世界很多国家和地区。这些机构凭借着这些数据库，出版了大量有关世界农业生产、农业经济、粮食短缺、食物安全等重大问题的研究报告。

世界上早期形成的几个大型农业文献数据库分别为：由 FAO 创办的 AGRIS（Agricultural Information System for Agriculture Science and Technology）。由美国农业图书馆和农业部共同开发的 AGRICOLA 数据库，另外，还有国际农业生物中心数据库（CABI）等。这几种大型农业数据库为全球农业工作者及时了解世界农业科学技术和生产动态，提供了大量的国际农业信息资源，也推动了各国农业数据库技术的进步。

我国除引进以上世界大型数据库外，自己也建立了数十个农林数据库。但是这些数据库间在规模与应用等方面存在较大差异。据 2005 年 7 月 8 日《科学时报》报道，我国在资源环境、农业、人口与健康、基础科学与若干科学前沿、工程技术、科技管理等 6 个领域 36 个子领域中的数据库建设情况总体不容乐观，数据库总量为 2 459 个，数据量达 497.18TB，总投资 28.27 亿元，有 30.9% 的数据库积累年限为 10～30 年。在 6 大领域的数据库中，资源环境领域数据库个数最多，达 1 098 个，数据总量最大，有 406.47TB；获得的建库经费最多，达 22 亿元；数据积累年限也最长，30～100 "年藏"的数据库数量最多。

农业数据库的类型主要有 3 种：一是农业资源数据库，包括地理资源库、种质资源库、基因资源库、人力资源库等；二是农业技术信息数据库，主要存储从科研到科普、从种植到养殖，再到市场的农业产业化全过程的技术信息；三是农业统计信息数据库，包括涉农企业与产品信息库、农业生产信息统计、农业气象统计资料等。

农业数据库技术发展趋势是多媒体技术、空间数据库技术、数据仓库与知识挖掘技术。

二、农业专家系统

农业专家系统也称农业智能系统，它是利用特定农业领域的专门知识，模拟农业专家从事推理、规划、设计、思考和学习等思维活动，解决农业领域专门问题的计算机系统。

农业专家系统是农业信息技术的一个重要分支，是计算机技术与系统科学以及农业科学技术相结合的产物。它应用人工智能技术，总结和汇集农业专家长期积累的宝贵经验，以及通过试验获得的各种资料和数据，针对具体的自然条件和生态环境，科学地指导农业生产，以实现优质、高产、高效、生态、安全的目标。

农业专家系统的研究已有 30 多年的历史。20 世纪 70 年末，美国伊利诺斯大学利用知识工程原理研制了大豆病虫害诊断专家系统，随后出现了玉米螟虫害预测专家系统、日本千叶大学的番茄病虫害诊断专家系统等。20 世纪 80 年代中期，农业专家系统的数量和水平均有了较大的提高，已从单一的病虫害诊断转向生产管理、经济分析与决策、生态环境保护等方面。美国的土壤侵蚀控制专家系统、温室控制专家系统应运而生。美国农业部和全国棉花委员会研制的棉花生产管理系统 COMAX 将作物生长数学模型和知识工程原理有机结合起来，取得了极大的成功。Plant 等人 1989 年开发的农业管理专家系统，Sr. Jnvasan 等人开发的 ESIIM 灌溉管理专家系统，S. Saputro 1991 年开发的农业生产空中漂移物专家系统也均在实际应用中收到了很好的效果。

1996 年 6 月在荷兰瓦赫宁根举行的国际计算机技术农业应用学术会议上，西班牙学者奥塞林列举了当时国际上近百个农业专家系统，它们广泛应用于作物生产管理、灌溉、施肥、品种选择、病虫害控制、温室管理、牛奶生产管理、牲畜环境控制、土壤保持、食品加工、粮食贮存、环境污染控制、森林火灾控制、经济分析、财务分析、市场分析、农业机械选择、农业机械故障检测等众多方面，许多系统已经得到有效应用。

我国对农业专家系统的研究始于 20 世纪 80 年代初，20 世纪 90 年代，科技部把农业专家系统列入了国家"863"计划的重点课题，给予了重点支持，在此基础上我国已研发了 100 多个农业专家系统，并在 20 多个省（市、自治区）示范推广，取得了明显的经济效益、社会效益和生态效益。

由于我国农业水土资源人均占有量低，农民文化素质不高，农业领域专家和科技人员紧缺等原因，农业专家系统应用于农业生产和管理已成为必然的趋势。

三、农业模拟模型

农业建模是数学建模技术、信息技术与农业技术结合的产物，它是开展农业仿真和虚拟农业的基础。农业模拟模型研究已有四十多年的历史，涉及宏观和微观等不同领域。如资源利用、能源消耗、农业生态、农业结构、作物生长、畜禽饲养、病虫测报、农田灌溉和温室控制等，其中，作物—土壤—大气系统模拟模型（或称作物模型）的研究进展尤为令人瞩目。

作物模型（crop model）是许多农业模型建立的基础，或作为农业模型的基本部分，在其中占有十分重要的位置。作物模型大体上可以分为生理生态模型和虚拟植物模型两种。一般而言，作物生理生态模型具有容易获取参数、对计算机性能要求不高等优点，适宜于产量预测、土地生产力评价等方面；而虚拟植物模型的参数较复杂，对计算机性能要求较高，与植物形态结构相关领域的应用更具有优势，在精确农业、生态系统物流、能流的空间规律研究、植物生长状况遥感监测、园林设计、虚拟教学等领域具有广阔的应用前景。

1. 作物生理生态模型

作物生理生态模型的研究始于 20 世纪 60 年代中期，以荷兰的 de Wit（1965）和美国的 Duncan 等（1967）为代表，以后在不同国家针对不同作物而展开。

1970 年，荷兰瓦赫宁根农业大学的 De Wit 等（1970）以系统动力学理论为基础，建立了第一个作物生长动力学模型 EL-CROS（Elementary Crop Simulator），此后，在 ELCROS 基础上，发展形成了更为复杂的 BACROS（Basic Crop Growth Simulator）模型，用于模拟大田作物的生长和蒸腾作用。1982 年，van. Keulen 借鉴 ELCROS 和 BACROS 模型的概念，建立了 SU-CROS（Simple and Universal Crop Growth Simulator）模型。此后，Penning deVries 等又研制了 MACROS（Modules of an Annual Crop Simutator），模拟热带半湿润地区作物生长。Hijmans 等（1994）建立了以 SUCROS 为基础的 WOFOST（World Food Studies）模型，可定量估价土地生产力、预测区域产量、进行年际产量波动

和风险评价以及气候变化影响评价等；Driessen 等（1992）在 WOFOST 的基础上，完成了一个综合而简化的土地利用系统分析评价 PS123 模型；在 MACROS 和 SUCROS 的基础上，又开发了的针对应用目的的水稻模型 ORYZA。

上述模型强调了作物生产的共性，具有较强的机理性和通用性，成为其他模型研究的重要参考。在模型的综合性、预测性和应用性方面，美国开展了大量工作，并研制了系列作物生长模型。

美国密西西比州立大学 Baker 等（Baker et al., 1983）在 COTTON 模型和 SIMCOT 模型的基础上，创立了棉花生产预测系统——GOSSYM（Gossypium Simulation Model）。20 世纪 80 年代中期，美国又开发了 CERES（Crop-Environment Resource Synthesis）系列模型，被广泛应用于不同环境条件下的作物估产、干旱评价、作物品种培育等。

此外，Wilkerson 等（1983）研制了大豆模型（SOYGRO），Boote 等（1989）研制了花生模型（PNUTGRO），Hoogenboom 等（1992）将这些模型合并形成了 GROPGRO（Crop Growth）模型，用于模拟籽实豆类作物的生长、发育和产量形成过程。园艺作物模型的研究方面，比较有影响的有 HORTISIM（Horticultural Simulator）模型和 TOMGRO 模型，主要是针对温室番茄建立的。

中国作物生产系统模拟始于 20 世纪 80 年代中期。江苏农科院高亮之等人在研究了中国不同类型水稻生育期的农业气象生态模式的基础上，于 1989 年又提出水稻钟模型。江西农业大学戚昌瀚等、殷新佑等应用"系统动力学"原理，成功研制了水稻生长日历模型 RICAM（Rice Growth Calendar Simulation）；中国农业大学潘学标等人组建了棉花 COTGROW 模型及其决策支持系统 COTSYS。冯利平等建立了小麦生长发育模拟模型（Wheat SM）。马新明等研制了棉花蕾铃发育及产量形成模拟模型（COTMOD）及其他一些模型。另外，在我国高技术发展

（"863"）项目的支持下，还分别开展了温室番茄与黄瓜等作物的模型研究，并取得了阶段性成果。

总之，作物模拟模型的研究，国际上以美国、荷兰的研究较为突出，模拟研究的历史较长，开发的作物模拟模型种类多，并且各具研究特色。荷兰的模拟研究侧重于模型的生物机理，具有较强的解释能力，它强调作物的共性，只要输入所需要的统一参数和数据，模型可适合于大多数作物，而对播种密度，光合产物在各器官分配受光温水影响，库和源间的关系和根系生长及其对养分和水分吸收机理考虑较粗。美国的模拟研究，通常把"天气、土壤、作物、技术"看作一个综合系统，以强调模型的应用性为特征，除深入考虑作物共同的生长机理外，还强调各种作物的特性，建立不同的作物生长模拟模型。我国的模拟研究强调模型的机理性、应用性，将模拟技术与作物生产的优化原理相结合，模型可直接用于指导生产。作物模拟研究的这些工作基本上代表了当今世界本领域的研究发展水平和方向。

2. 虚拟植物模型

虚拟植物模型是由植物学、农学、生态学、数学、计算机图形学等诸多学科交叉而迅速发展起来的，其主要特征是以植物个体为研究中心，以植物的形态结构为研究重点。

植物的形态结构是指植物（地上和地下部分）在三维空间中的分布方式，在很大程度上决定着植物的资源获取强度和竞争能力，诸如冠层对光辐射的截获能力、相邻植株根系之间对土壤水分和养分的竞争能力等。植株在某一时刻的形态结构，影响到当前的资源获取，而对资源的获取反过来又影响到各部分的生长速率，从而决定下一时段植株的形态结构。以植物形态结构为基础对循环过程进行虚拟，无疑是了解植物生长规律的重要手段。

另一方面，由于植物个体与群体的许多属性依赖于植物的形态结构特征，许多工作离不开植物形态结构的研究。例如，通过剪枝提高果品的产量和品质，是基于果树的形态结构对光合产物分配影响的研究；为获得最有效的施药方法，须研究喷洒的农药在植株上的分布及与病菌、害虫的位置关系（包括在叶片正面还是背面），而这与植物的空间结构密切相关；此外，为了提高森林、农田作物生长状况遥感判读的准确度，也必须研究遥感影像与植物形态结构的关系。

　　按建模方法和目的不同可将虚拟植物模型分为两类：静态模型和动态模型。静态模型是指以实测的植物形态结构数据为基础，利用计算机图形、图像技术构建的，用于精确再现植物形态结构的计算机程序。可用来分析植物形态结构的定性和定量特征，研究与植物结构有关的生理生态、生物物理过程。虚拟植物动态模型是用以反映植物生长过程中的动态变化规律的计算机程序，它是基于对植物生长过程中拓扑结构演变和几何形态变化规律的研究，提取植物的生长规则而构建的，代表了虚拟植物模型的主要发展方向。又包括通用模型和专用模型两种。图 5 - 4 为基于植物结构基本模型 Massart，依据雪松的生长规则，对其不同生育阶段的模拟结果。

图 5 - 4　基于植物结构基本模型 Massart 的虚拟雪松

四、农业信息网络技术

1975 年美国内布拉斯加大学创办了世界上早期最大的农业

计算机网络系统 AGNET，其主机设在林肯市，现已设置 40 多种服务项目，包括农牧业生产技术咨询、财务支出、借贷支出、借贷资金、租用设施、现金计算、教育研究以及美国农业部关于农产品市场的信息等。该系统拥有数千名用户，遍及美国 46 个州、加拿大 6 个省和其他 7 个国家，36 所大学。各地可通过家中的电话、电视和微机终端与中心接通，共享 AGNET 的数据与软件资源，给农业和农民带来了显著的经济效益。

20 世纪 80 年代开始，农业信息网络逐步在欧美、日本等国获得了广泛应用，多数农场主开始拥有自己的微电脑系统，在农场内部通过计算机网络和奶牛场挤奶、环境控制等系统相连，用于数据采集和过程控制，并通过专用接口接入地区网络中心，从地区农业设备、化肥、农药、饲料、气象、病虫害预报和农业咨询系统的计算机上，实时获得内容广泛、快速的信息服务和国际市场信息。

我国农业信息网络建设始于 20 世纪 80 年代中期，虽然起步较晚，但受到了政府的高度重视。1986 年，农业部提出了《农牧渔业信息管理系统总体设计》，组建了农业部信息中心。之后，各省、市、自治区农业系统也相继成立了农业信息中心。在它们的努力下，计算机网络建设取得了长足发展。农业部信息中心采用先进技术，组成了包括部内各司局，部直属企事业单位在内的计算机网络，实现了农业部内信息共享。通过有计划、有步骤地向全国联网辐射，1994 年，中心与全国各省农业信息中心计算机网络的连接开通，从而在全国建立起了集中—分布式计算机网络系统，构成全国现代化农业信息系统大框架。

1994 年 12 月在"国家经济信息化联席会议"第三次会议上提出了金农工程，作为金农工程重点内容之一的信息网络建设工作得到了进一步加强。农业部信息中心作为金农国家中心，开始筹建"中国农业信息网"，1995 年连通 Internet，1996 年正式开通，其信息传输主要依靠国家公共数据通信网，快速、便捷，通达全国，连通世界。用户可以通过 PSTN、CHNANET、DDN、BSDN、VSAT 卫星小站以及广播电视网等多种方式进入网络，使用户之间能及时地传递和交换信息，共享信息资源。其后，中国农业科学院建立了"中国农业科技信息网"，1997 年 10 月开始运行。在国家制定的"统筹规划、国家主导；统一标准，联合建设；互联互通，资源共享"的信息网络建设方针指导下，农业信息网络建设在最近几年取得了显著的成绩，特别是一些科研单位和高等院校，网络化建设已先行了一步。天津、河南、辽宁、重庆、浙江、江苏、新疆等省（市、自治区）先后建起了省级农业信息网或农业科技信息网。中国北方农业信息网、中国江北农业信息网、中国种子信息网、中国园林花卉产业信息网、陕西果业信息网和沈阳农村经济信息网等地区性或专业性农业信息网也越来越多。

五、农业管理决策技术

决策支持系统的研究始于 20 世纪 70 年代，美国麻省理工学院的 S. Scott、Morton 等人进行了一些开创性的工作。农业决策支持系统是一种服务于农业决策工作的交互式知识信息系统，它以计算机等现代信息技术工具为基础，以数据库、知识库、决策模型为依托，对农业生产、管理等领域的问题提供决策支持，主要用于处理农业决策过程中的半结构化和非结构化问题。它是在农业信息系统、作物模拟模型和农业专家系统的基础上发展起来的。大体经历了如下 3 个阶段：

一是 20 世纪 60 年代的萌芽阶段。随着数据库技术的问世和管理工作的需要，在工农业领域出现了一些后来称为管理信息系统（MIS）的计算机系统。这种系统具有数据的查询、检索、修改、删除以及一些数据计算与分析功能，能为管理和决策提供一些有用的参考信息。20 世纪 70 年代后期，美国、荷兰等相继推出了 CERES、SLJCROS 等著名的作物生长模型，揭示了作物生长发育的变化规律以及环境、栽培技术对作物生长发育的影响，为作物生产过程中的栽培管理决策提供了有力的支持。这实际就是原始的半结构化问题决策支持系统。另外，美国、日本相继利用农业专家的经验解决作物及蔬菜生产过程中的非结构化问题，为农业栽培管理决策提供了有效工具。

二是 20 世纪 80 年代末以后的发展阶段。发达国家分别从作物模拟模型或专家系统出发研制所在领域的农业决策支持系统。90 年代初期，形成了一批以知识库系统或以专家系统为基础的智能化农业决策支持系统。1992 年美国 Florida 大学研制的 FAR-MSYS（Farm Machinery Management Decision Support System，农场机械管理决策支持系统）和农场级智能决策支持系统（FINDS）都是典型的代表。

三是 20 世纪 90 年代以后的提高阶段。主要是随着 3S 技术的推广应用，农业决策支持系统正在向更深层次发展。加拿大首先开发了基于 GIS 的水土保持决策支持系统。美国 Florida 大学将 DSSAT3.0 与 GIS（ArcView）集成，推出了农业环境地理信息系统 AEGIS（Agricultural and Environmental Geographic Information System）。我国台湾逢甲大学利用 GIS、RS 技术和 CERES-RICE 模型建立了台中市水稻生产的农业土地使用决策支持系统等。

农业管理决策存在着许多层次，从田间生产管理到农场生产经营管理，从区域农业经济管理到国家宏观调控，农业决策支持系统有针对性地为各层次的农业策略的制定和科学管理提供辅助和支持。根据不同的服务层次，农业决策支持系统一般可分为田间尺度、农场尺度和区域尺度 3 种类型。

随着计算机技术［如数据仓库和联机分析处理（OLAP）技术］和 3S 技术的不断发展，农业决策系统正朝着多技术综合、多功能集成的方向发展。

第三节　农业信息化技术与应用

农业信息化技术是不同历史阶段产生和形成的高新技术，在不同领域均发挥着重要作用，农业信息化技术的应用可归纳为以下几个方面。

一、田间生产管理

早在 1965 年，美国就研制出了田间试验种植图程序，将计算机用于田间试验种植管理。其后，在荷兰等国家开始了以研究作物生长规律为目标的模拟模型开发。20 世纪 80 年代荷兰的模型研究重点转向实际应用，SUCROS 模型开始用于指导不同种类作物的田间生产管理，如小麦、马铃薯和大豆等。美国农业部也于 1984 年主持完成了包括光、温、水、热等多因子的玉米耕作综合管理模型 NRM，用以指导玉米田间种植。

20 世纪 70 年代末，美国伊利诺斯大学推出了第一个农业专家系统。20 世纪 80 年代中期，美国 H. Lemmon 推出了 COMAX 棉花生产管理专家系统，从此田间生产管理走向智能化。

到 20 世纪 80 年代末，美国 IBSNAT 的科学家以 CERES 模型为基础，研制出了农业田间生产管理决策支持系统（Decision Support System for Agricultural Technology Transfer，DSSAT），已经在全世界数十个国家和地区推广应用。到 20 世纪 90 年代初期，进一步形成了以知识库系统或专家系统为基础的智能化的田间管理决策系统。

1991 年海湾战争后，GPS 技术民用化，而且 GIS、RS 技术以及计算机视觉、模式识别、新型传感器等技术在农业领域进一步推广，农业田间生产管理自动化、智能化程度进一步提高。20 世纪 90 年代末，美国已有 15% 的农户使用"精确农业"技术进行田间耕作，他们使用装有 CPS 系统的可变比率洒施机、播种机和施肥机，借助于 3S 等技术获取田间信息，自动控制农药、化肥和种子的施入量，提高产量近 30%。德国也已成功地应用 3S 技术对土地进行精确定位，按肥力程度确定播种量和施肥量，每公顷节省肥料 10%，节约农药 23%，节省种子 25 千克。

二、设施栽培

20 世纪 50 年代开始，日本、荷兰、美国、以色列等分别利用温室进行蔬菜、花卉及苗木的生产，1972 年底日本东京大学农学部研制出第一个植物生长计算机控制装置。1974 年，日本岛根大学农学部附属农场建立了一台小型计算机控制的两幢生产研究用温室，到 1983 年日本已有约 600 台微机用于温室管理。1985 年后设计了更为先进的综合环境控制微机管理系统，并建立了新一级的计算机监控的生产温室，使燃料节约了 13% ~ 15%，产量提高了 5% ~ 40%，并提高了产品质量。

西班牙南部的阿尔梅里亚省试验成功了保证农作物正常生长的遥控温室系统，用于无土栽培黄瓜、番茄和茄子等农作物，节约水和肥料各 30%。

为适应设施栽培中的特殊环境的要求，欧美和日本等发达国家开发出了一系列的小型机器人，包括嫁接机器人、育苗机器人、洒药机器人、施肥机器人、温室无土栽培用移动机器人等，这些小型机器人可以日夜不停地完成盆钵装土、育苗、扦插、移苗、组织培养、喷药、施肥，以及产品收获和包装等工作，极大地提高了劳动生产率。

1997 年，日本园艺设施环境标准普及协会发布了《环境监测与控制计算机远程操作的方法与标准》。政府则提出在 21 世纪初实现乡村城市化、农业工厂化的设想。爱媛大学和出光兴产株式会千叶炼油厂共同提出并实施了植物工厂"四代模式"长期战略。在 1 000 平方米工场内，光照、温度、湿度、风、O_2、N_2、CO_2 等气候因子，以及营养液中的水温、水流、营养成分等全部由计算机控制，植株株距随着生长阶段的进程自动调节，除收获期需要人工放入收获容器外，工场内不需任何人工作业。至此日本以生态信息自动收集和完全计算机控制的第三代植物工场已经建成，以全面智能化和大范围推广应用为标志的第四代植物生产工厂有望在近年实现。

三、水产养殖与畜禽饲养

随着信息技术的发展，美国、西欧和日本等国在鱼、蟹、畜、禽饲养环境监测与控制方面的开发蓬勃兴起。如水产养殖的水质监测、禽舍温度的计算机控制早已普及，正向全自动智能化管理方向发展。

在美国，养猪计算机管理系统中存储有猪的分娩、死亡、生长、出售、食物比例和管理过程中所需的各种数据和信息。它可以分析、预测猪的销售，交配、产仔母猪所需饲料，猪种退化以及最佳良种替代，还可根据存储的育种和品质资料、母猪级别指标、营养效果、猪仔生产和市场价格等数据，分析经济效益和价值等。

在欧洲，用计算机实现生产自动化的奶牛场有 500 个以上，达到的功能是自动识别每头奶牛，自动记录产奶量，根据每头奶牛一周内平均日产量，自动配给精粗饲料，自动测定和记录饲养过程中的奶牛体重；自动监测奶牛活动量、体温、乳腺炎、牛奶质量，记录每头奶牛的亲缘关系、生活史、产品率和健康状况等。

在新加坡自动化对虾养殖场，从饲料加工配制到养殖用水的盐度、水温、水循环和饵料投入全部由计算机进行自动调节和控制，并能自动配制适合对虾各个发育阶段的饲料。

四、农产品贮藏与加工

在发达国家，信息技术在农产品贮藏与加工方面应用更为普遍，像谷物仓储计算机监测与管理，农产品加工企业中的微机控制生产线等比比皆是。美国一个日产 700 吨配合饲料的加工中心，早在 20 世纪 80 年代就曾使用两台 IBM 小型机自动控制 20 多种配合饲料的全部生产流程，其中每种配合饲料都有 20 多种成分。尤其在蔬菜和水果保鲜方面，计算机的作用更为明显。例如，美国华盛顿州一家马铃薯通风库，使用计算机自动控制通风窗进行空气调节，使贮藏期分别达到 3 个月、6 个月、10 个月之久，实现了马铃薯的周年供应。

五、农业生态环境监测与保护

农业生态环境是一个多因素、多层次的复杂系统。信息技术在农业生态环境监测方面的应用是从湿度、温度的监测与控制开始的，以后发展到农业害虫的自动监测与防治等方面。如英国赫尔大学科学家开发出一种防治农业害虫的计算机系统。通过语音传感器对害虫的声音进行捕捉，用语音识别技术识别害虫种类，由自动控制药物喷洒器喷洒出相应的杀虫剂，或者开启特殊的捕捉机关。

20 世纪 70 年代末，人工智能技术开始应用，美国伊利诺斯大学植物病理学家和计算机科学家共同开发出了大豆病害诊断专家系统 PLANT/ds。随后，荷兰 Wageningen 农业大学植病系开发的病虫害预测预报模型 EPIPRI 在西欧投入使用，美国开发的农业技术资源保护专家系统：EX'IRJA 在美国中北部地区得到推广，进一步提高了农业病虫害防治及资源保护工作水平。

"3S" 技术应用于农业生态环境监测与保护，主要在以下几方面发挥了重要作用。一是农业资源调查，主要涉及土地利用现状、土壤类型、草场资源、低产田土壤、水资源等。例如，英国1976 年利用遥感技术，仅用 4 个人工作 9 个月时间，就把全国的土地划分为 5 大类、31 个亚类，测出了面积，绘制成图件。二是农业资源监测，主要涉及农作物长势监测与估产、土地沙化和盐渍化监测、鱼群监测、农业用地污染监测等。1974 年以来，美国、前苏联、阿根廷、日本、中国、印度等国先后进行了不同范围、不同作物的估产工作。美国利用陆地卫星和气象卫星等数据，预测全世界的小麦产量，准确度超过了 90%。三是农林灾害预报及评估，主要涉及农作物病虫害、草场雪灾和火灾的监测和预报，洪水预警、测定受灾面积和灾后评估等。例如，美国林业局与加利福尼亚的喷气推进器实验室共同制定了"FRIRE-FLY"计划。它是在飞机的环动仪上安装红外系统和 GPS 接收机，使用这些机载设备来确定火灾位置，并迅速向地面站报告。另外，美国还开发了 3S 害虫迁飞跟踪技术和农药精确喷施技术，提高了防治效果，减少了农药污染。

六、农业研究与试验

计算机在农业研究领域的应用起始于作物栽培研究中的田间试验设计，逐步扩展到作物生长发育的模拟，育种研究中的种质资源信息储存和遗传力计算，植保研究中的病虫害流行模拟，以及农田灌溉系统的设计等。应用计算机技术，不仅大大缩短了科研周期，而且作为一种新的研究手段，使农业研究进入了一个新的时代。

早在 1965 年美国就将计算机用于田间种植试验，1989 年研制出农业试验设计系统软件包 MSTAT，它具有自动产生各种试验设计、组织并管理田间和室内的试验、数据处理、统计分析、品种稳定性参数分析和配合力分析、编印作物育种文件，记录并查找系谱，按用户要求选配组合、经济效益分析、多元统计分析等功能。

计算机模拟模型是农业研究中的一个重要工具，美国和欧洲一些国家已开发使用模拟模型，从宏观农业经济发展到微观光合作用过程，几乎涉及所有农业问题。如 1997 年，荷兰瓦赫宁恩作物模型 ORYZA1 曾与 GCM（大气环流模型）结合，用于气候变化对亚洲水稻生产影响的评估。

虚拟农业是动、植物遗传育种研究的一个重要技术工具。新西兰 Hon 研究所曾使用虚拟植物技术进行几维果（猕猴桃）品种改良研究。使几维果树发芽、生长、抽枝、展叶、开花、结果和果实成长，一年的生长周期被缩至不到 1 分钟。研究人员利用虚拟几维果树系统研究果实甜度与叶片之间距离的关系，还可以计算出在某一叶片上一定比例的面积被虫咬过后，它向果实输送的糖量会受到怎样的影响。

信息资源是农业研究工作的基础，各国都十分重视，20 世纪 70 年代就形成了世界上四大农业数据库。此外，美国、日本、德国及联合国粮农组织投资建立的菲律宾国际水稻研究中心、墨西哥小麦和玉米改良中心等都已建成了较大的品种资源数据库。瑞典、丹麦等北欧国家以及联合国粮农组织建立了北欧基因库，为国际作物遗传研究提供信息服务。

第四节　"三电合一"促农民致富

一、什么是"三电合一"

"三电合一"是一种新型的为农民提供包括致富信息在内的综合信息服务模式，主要是通过电话、电视、电脑 3 种信息载体有机结合，实现优势互补，互联互动。利用电脑网络采集信息，包括农产品市场供求信息、价格行情信息、实用技术信息等，丰富农业信息资源数据库，为电话语音系统和电视节目制作提供信息资源；利用电话语音系统，为农业生产经营者提供语音咨询和专家远程解答服务；利用电视传播渠道，针对农业生产经营中的热点问题和电话咨询过程中反映的共性问题，制作、播放生动形象的电视节目，提高信息服务入户率。

自 2005 年起，农业部启动了"三电合一"农业信息服务试点建设项目，通过在试点单位建设农业综合信息服务中心，推广"三电合一"的信息服务模式，充分发挥电话、电视普及率高的优势，推进农业政策、科技、市场等信息进村进户，提高试点项目实施单位的信息服务能力，辐射并带动周边地区农业信息服务工作的开展。2005 年在全国选择有一定工作基础的 6 个地级、50 个县级农业部门试点建设"三电合一"农业信息服务中心，2006 年计划建立 40 ~ 50 个"三电合一"农业信息服务中心。

　　"三电合一"是基层农业部门在农业信息服务实践中探索出来的成功做法，通过它能满足农业生产经营者及时获取有效信息、最大限度减少农产品生产的大幅波动与农产品市场风险的有效方式。同时它也是新阶段农业部门转变职能、推进科技入户、提高信息服务水平和效能的一个重要手段，构筑了农民获取最新信息、接触最新科技的场所，成为农民沟通信息的桥梁，农业和科技相连的纽带，搭建起了农民和专家互通公用的平台，有效解决了信息服务"最后一公里"和科技成果转化"最后一道坎"的实际问题。

　　"三电合一"是农业信息服务模式的发展和创新，是传统媒体和现代媒体的有机结合，是政府管理与信息技术的有机结合，是跨部门跨领域信息的有机结合，是信息资源整合与共享的有机结合。通过实施该项目，有利于增强政府部门的服务能力，提高信息服务质量，增强政府调控和应急能力，实现政府管理的科学、高效。

　　在农业信息化大环境下"三电合一"模式的提出和试点工程的开展具有创新性：

　　1. 在网络技术和计算机技术的支持下，突破了计算机网络与电视、电话、电脑等系统的互联互通等关键技术问题，实现了传统与现代媒体的有机结合，拓宽了农民朋友获取信息的渠道，降低了信息传播的成本，为农民朋友通过信息致富提供了新的途径。开创了适合我国国情的农业信息服务模式。

　　2. 对政府部门而言，它实现了管理与技术的有机结合，倡导了"一个核心、一条主线"的"十五"农村市场信息服务行动计划，提出了实施"服务方向、内容、渠道"三方面的转变，狠抓"网络延伸、资源开发、信息发布"三个着力点等新型理念。

　　3. 实现了农业和非农部门的有机结合，打破了农业部门与通信部门、信息产业部门、影视传媒部门之间的行业界限，形成为农业提供优质信息服务的联合体。

4. 优化资源配置，减少重复建设，节约了资金投入，使广大农民"用得起、用得了、用得好"的农村信息服务方式，满足了广大农民对信息的需求。

5. 初步解决了信息占有不均衡造成的信息鸿沟现象，提高了农民的文化素质和社会素质，有利于我国社会的稳定发展以及和谐社会的建设，对加速我国农业信息化进程具有积极作用。

二、"三电合一"应用实例

"三电合一"是农业部为加强农业信息化建设，提高农业信息服务水平，帮助农民通过利用信息来致富而开展的项目，为了使该项目起到实效，农业部于2005年5月下发了《关于开展三电合一农业信息服务试点工作的通知》，要求有关农业部门要切实加强领导，把"三电合一"试点项目实施列入重要工作议事日程，着眼全局，统筹安排，主动协调，精心组织，增加投入，扎实推进，确保项目顺利实施和项目建成后顺利运转。

"三电合一"项目开展已经将近两年的时间，取得了相当的成绩，目前全国各地都建立了"三电合一"农业综合信息服务站，为农民提供全方位的致富信息。农民通过"三电合一"农业信息服务中心方便的获取种植养殖等实用技术信息，及时掌握市场上农产品的供求信息，通过网络宣传自己生产加工的特色农产品，获得了丰厚的收入。其中具有代表性的有河北省藁城市、河南三门峡市和广西玉林市开展的"三电合一"。

1. "三电合一"使河北藁城市农民致富有门路

河北省藁城市是农业部首批县级农业综合信息网络建设示范县，也是最早开展"三电合一"试点的地区之一。近年来，藁城市把农业信息网络延伸作为推进农业信息化建设的突破口，通过对全市农业信息资源的有效整合，逐步形成了"三级一户"信息服务框架，建立了以电视、电话、电脑三种主要信息服务方式相互配合、相互支撑、相互补充的"三电一厅"农业信息综合服务系统。

在藁城市农业信息网站上设立了"藁城市情"、"名特产品"、"市场价格"、"供求热线"等专题栏目，为农业产业化生产基地、龙头企业和中介组织提供信息支持。同时还建立了优质麦、无公害蔬菜、龙头企业和特色产品专题网页，免费为广大农民发布供求信息；各级农业信息服务站一方面搜集国际互联网上的各类信息，通过筛选、分析、整理、加工后，及时向农民发布。另一方面，把本地的产品、供求、招商等信息在网上发布。另外，每日定时采集全国各大农产品批发市场价格信息，转入智能电话热线数据库，方便农民及时查询。

在县电视台设立了固定的农业专题节目《藁城农业》，将广大农民最为关心的生产技术、市场动态、价格行情、供求信息等，制成专题节目，在电视台播放。近几年，通过与计算机网络结合，增加了市场动态、价格行情的信息含量，每年给农民提供300 多条技术、供求信息。

建立农业快易通综合服务中心，开通了农业智能电话查询系统，用户在本地任何一部电话上，只要拨入特呼号 96356 即可进入系统，实现直接拨号查询，同时还可以直接转入农业专家坐席，与专家直接对话。为了方便农民拨打电话，编印电话号码簿9 万多册免费发给安装电话的每个农户，书写农业快易通宣传标语 2 000 余条。

当地利用"三电合一"信息服务系统，优势产业形成了，农产品卖出去了；农民通过"三电合一"信息服务系统，拓宽致富门路，使收入大幅增加。

（1）促进了小麦优势产业的形成　河北藁城市优质小麦生产起步较早，开始时农民普遍害怕卖不了好价钱。"三电合一"信息服务系统建成后，市农业信息中心通过互联网与国内大中型面粉加工企业取得联系，与北京大磨坊、天津大成、河北廊坊廊雪等企业建立购销关系，实现了优质小麦订单生产。新华社曾经以

《夏收新鲜事——种麦的吃不上自家麦只缘城里订单来》进行了报道，目前全市优质小麦面积已达到 43 万亩，占小麦种植面积的 90% 以上，每年因种植优质麦一项农民就增收 3 000 多万元。

（2）促进了优势农产品基地的发展 岗上镇双庙村是有名的中棚甜椒专业村，通过在互联网上发布甜椒信息，吸引了北京、天津、黑龙江、山西等地的大批客商前来收购，客商的大量涌入，不但销售渠道畅了，价格也有所提高，椒农得到了切切实实的实惠，每亩收入增加了 500 多元。椒农再也不用愁甜椒卖不出去了，短短几年时间，基地面积由几千亩发展到现在的 3 万亩。通过利用信息推广新品种、新技术，发展规模种养基地，促进农业结构的优化升级，全市形成了优质专用小麦、出口蔬菜、"碧青"牌无公害甜椒、"金寨"牌蒜薹、"麦科"牌面粉、"天帅"牌鸭梨、"冀马"牌果品等具有较强竞争力的优势产品。

（3）农民掌握了实用的农业技术搜集筛选适合本地的农业技术信息，通过"三电一厅"及时地传递给广大农民。如推广的日光温室高效种植模式、冀优Ⅱ型日光温室建造、豆瓣芽菜、中椒 7 号甜椒、无公害蔬菜生产技术等，都收到了良好效果。市信息中心筛选出的 20 多个适宜本地的种植业、养殖业新优品种在全市进行示范、推广，有的已经成为主栽品种或当家品种。2004 年农业高科技园区从信息中心获得百利西红柿市场畅销的信息后，在落生蔬菜大棚基地推广 500 亩，亩均增收 1 500 元，并且实现了订单出口。

2. "三电合一"助河南三门峡市农民腰包鼓起来

三门峡市位于河南省西部豫、陕、晋三省交界处，山区丘陵分布较广，素有"五山四岭一分川"之称。通过建设"三电一厅"，推进农业信息进村入户，建成了"市有中心、县有平台、乡有信息站、村有信息员"的较为完善的农业信息服务体系，进一步拓宽了农民增收致富路。"三电一厅"即电脑网络系统、电话语音系统、电视节目制作系统和乡镇农业信息服务大厅。

在利用网络信息致富方面，取得了明显的成效。全市"20强"农业龙头企业建立起信息网站，带动农民致富。义华养殖有限公司开通信息网站以后，网上查信息，网上卖生猪，年出栏1万头，出口供港7 000头，带动8个规模养殖场、2个养殖专业村和700个养殖专业户发展养猪，成为河南省生猪出口供港创汇基地之一。天顺肉牛养殖有限公司开通信息网站，建成监控系统，实现远程信息监控管理，促进企业发展，年出口供港肉牛2 000头，纯收入240万元。渑池县笃忠乡建成了两万亩辣椒基地，开通辣椒网站，协会会员可以免费网上查询、参加培训、获取简报，通过会员将信息传播到了千家万户，仅辣椒一项全乡农民增收1 800余万元。该协会还在网上组织辣椒招商订货会，吸引了11个省市客商86家，签订购销合同500万千克。卢氏县蚕业协会在黄河农网、农业部一站通等网站发布了植桑养蚕消息后，吸引了四川绵阳、德阳等6家客商前来考察，网络销售干茧43吨，每吨高于市场价3 000多元。陕县菜园乡过村果园3 600亩，年果品总产400万千克，2003年建起了村级桃王网站，依靠村级网站传递信息，吸引了广东、福建等8个省的客商，价格上涨30%，人均果品收入4 300多元。

灵宝市农民经纪人赵彦举注册成立金秋果业公司，充分利用信息网络，对国际国内果品市场进行动态监测分析，开展苹果网上贸易，将该市优质苹果出口到泰国、印度、荷兰等5个国家，2004年度出口苹果1 200吨，创汇45万美元，实现了三门峡苹果自营出口零的突破。卢氏县农民杜相生建成森泰菌业特产中心，年经营销售收入150万元，还通过互联网把20多万元的优质食用菌销售到马来西亚。灵宝市故县镇农民尚小明承包了村里800头的养猪场，依托网上信息进行饲料采购和生猪销售，使饲养成本降低，销售价提高，年收入10万多元，并带动全村养猪5 000余头，农民人均增收200元，现在全村电脑已发展到62台。义马礼召村农民苏治国成立了富达养殖场，养猪1 000余头，自费购电脑上网，依靠互联网查阅饲料和生猪行情，每头生猪提高效益 100 元，带动全村 220 户养猪 20 000 多头，农民增收 200 多万元。

在利用电视、电话等传统媒体发布致富信息方面，也有明显的收获。灵宝市大王镇农民赵润康通过电话信息服务了解掌握市场行情，为当地农户提供种植信息、科技信息、市场信息，对外地客商提供诚信优惠服等，年经销蔬菜 6 000 多万千克，交易客商由周边乡镇变为全国 10 余个省，辐射带动生产基地由本乡本村的 800 亩变为跨越县、市的 5 万亩。灵宝市引进中国农业大学 SOD 苹果生产技术，录制播放生产技术规程科教片后，SOD 苹果快速发展到 2 000 多亩，产量 260 万千克，价格是普通苹果的两倍，实现销售收入 2 000 多万元。寺河乡上埝园艺场 2002 年在全市率先生产 SOD 苹果成功，创下了 1 箱 15 个苹果售价 168 元的销售典型，2004 年该场发展 SOD 苹果 70 亩，产值达到 98 万多元，亩均产值 14 000 元，是普通苹果的 10 多倍。卢氏县是优质烟产区，围绕发展烟叶生产，从育苗、移栽、管理、烘烤到分级各个环节，定期播放科教片，提高了烟农的生产管理水平，全县烟田面积 10 万亩，烟农总收入 1.1 亿元，户均收入 4 295 元，烟叶特产税 2 240 万元，占县财政收入的 30%，被评为全国烟业生产收购先进县。

第六章 农业政策与农业法律

第一节 推进农业可持续发展的政策

21 世纪的中国农业，发展任务极其艰巨。要持续增产，确保食物安全，养活 16 亿人口；要发展农村经济，确保农民收入稳定增长；要不断创造就业机会，转移庞大的农村剩余劳动力；要为整个国民经济和社会的发展奠定基础。与此同时，中国农业发展仍面临一系列严重问题：人多地少，农业自然资源短缺；农村经济欠发达，农民人均收入水平低，且增长缓慢；农村人口增长快，农业剩余劳动力多，文化水平低；农业综合生产能力低；农业经济结构不合理；农业环境污染日益加重等。因此，中国农业不能再走破坏生态环境、掠夺自然资源、追求短期效益的老路，必须选择培育和保护资源、优化生态环境、提高综合生产能力的可持续发展道路。

一、农业可持续发展概述

1991 年 4 月，联合国粮农组织在荷兰召开农业与环境国际会议，发表了著名的"丹波（DENBOSCH）宣言"。拟定了关于农业和农村持续发展的要领和定义："采取某种使用和维护自然资源基础的方式，以及实行技术变革和体制改革，以确保当代人及其后代对农产品的需求得到不断满足。这种可持续的发展（包括农业、林业和渔业）旨在保护土地、水和动植物遗传资源，是一种优化环境、技术应用适当、经济上能维持下去以及社会能够接受的方式。"

中国农业可持续发展的基本内涵主要包括三方面：①合理协

调农业发展与人口、环境、资源的关系；②不断提高农业综合生产能力，增强农业发展后劲；③发展农村经济，保证农业与整个国民经济的协调发展，逐步缩小工农差别、城乡差别。

中国农业可持续发展的基本目标是：保持农业生产稳定增长，保障食物安全；发展农村经济，增加农民收入，改变农村贫困落后状况；保护和改善农业生态环境，合理、永续地利用自然资源，特别是生物资源和可再生资源，以满足不断增长的国民经济、社会发展和人民生活的需要。

二、农业发展扶持政策

（一）"两减免、三补贴"政策

所谓"两减免、三补贴"即减免农业税，取消除烟叶以外的农业特产税，对种粮农民实行直接补贴，对部分地区农民实行良种补贴和农机具购置补贴。这一政策的目标是加强农业和粮食生产，调动农民种粮积极性，保护和提高粮食生产能力。2005年，在国家扶贫开发工作重点县实行免征农业税试点，在其他地区进一步降低农业税税率。在牧区开展取消牧业税试点。国有农垦企业执行与所在地同等的农业税减免政策。因减免农（牧）业税而减少的地方财政收入，由中央财政安排专项转移支付给予适当补助。有条件的地方，可自主决定进行农业税免征试点。继续对种粮农民实行直接补贴，有条件的地方可进一步加大补贴力度。中央财政继续增加良种补贴和农机具购置补贴资金，地方财政也要根据当地财力和农业发展实际，安排一定的良种补贴和农机具购置补贴资金。

（二）粮食主产区的支持政策

为调动地方政府发展粮食生产的积极性，缓解中西部地区特别是粮食主产区县乡的财政困难，中央财政要采取有效措施，根据粮食播种面积、产量和商品量等因素，对粮食主产县通过转移支付给予奖励和补助。建立粮食主产区与主销区之间的利益协调机制，调整中央财政对粮食风险基金的补助比例，并通过其他经济手段筹集一定资金，支持粮食主产区加强生产能力建设。

（三）支农资金稳定增长政策

（1）调整国民收入分配结构，在稳定现有各项农业投入的基础上，新增财政支出和固定资产投资要切实向农业、农村、农民倾斜，逐步建立稳定的农业投入增长机制。

（2）搞好大中型农田水利基础设施建设的同时，不断加大对小型农田水利基础设施建设的投入力度。中央和省级财政要在整合有关专项资金的基础上，从预算内新增财政收入中安排一部分资金，设立小型农田水利设施建设补助专项资金，对农户投工投劳开展小型农田水利设施建设予以支持。预算内经常性固定资产投资和国债资金要增加安排小型农田水利基础设施建设项目。土地出让金用于农业土地开发部分和新增建设用地有偿使用费，要结合土地开发整理安排一定资金用于小型农田水利建设。市、县两级政府也要切实增加对小型农田水利建设的投入。

（3）要尽快立法，把国家的重大支农政策制度化、规范化。

三、耕地保护制度

（一）基本农田保护政策

基本农田，是指按照一定时期人口和社会经济发展对农产品的需求，依据土地利用总体规划确定的不得占用的耕地。基本农田是粮食生产的重要基础，保护基本农田是耕地保护工作的重中之重，对保障国家粮食安全，维护社会稳定，促进经济社会全面、协调、可持续发展具有十分重要的意义。基本农田保护实行全面规划、合理利用、用养结合、严格保护的方针，确保基本农田总量不减少、用途不改变、质量不下降。

1. 严格制定和实施规划，确保现有基本农田数量

制定和实施土地利用总体规划以及涉及土地利用的相关规划，必须将保护耕地特别是基本农田作为重要原则。依据土地利用总体规划划定的基本农田保护区，任何单位和个人不得违法改变或占用。严禁违反法律规定擅自改变基本农田区位，把城镇周

边和交通沿线的基本农田调整到其他地区。城市各类非农业建设用地要严格控制在土地利用总体规划和城市总体规划确定的建设用地范围内；单独选址建设项目选址、选线要尽可能避免占用基本农田。农业建设用地布局要符合土地利用总体规划，不得以农业结构调整的名义改变基本农田数量和布局。涉及占用基本农田的土地利用总体规划修改或调整均须依照有关规定报国务院或省级人民政府批准。

2. 加强非农建设用地审查，严禁违法占用基本农田

按照《土地管理法》和《基本农田保护条例》的有关规定，除国家能源、交通、水利和军事设施等重点建设项目以外，其他非农业建设一律不得占用基本农田；符合法律规定确需占用基本农田的非农建设项目，必须按法定程序报国务院批准农用地转用和土地征收。加强对涉及占用基本农田的建设用地的审查。严格执行占用基本农田听证和公示制度，加强基本农田的社会监督。

3. 强化监督管理，确保基本农田用途不改变

按照《国务院关于坚决制止占用基本农田进行植树等行为的紧急通知》（国发明电［2004］1号，以下简称《紧急通知》）要求的保护基本农田"五个不准"，确保基本农田的规定用途不改变。基本农田上的农业结构调整应在种植业范围进行，任何单位和个人不应签订在基本农田上造林的合同；不准在基本农田内挖塘养鱼和进行畜禽养殖，以及其他破坏耕作层的生产经营活动，确保基本农田数量不因农业结构调整而减少。

4. 开展动态监测

一要完善基本农田保护基础性工作。省（自治区、直辖市）、市（地）、县（市、区）、乡（镇）四级基本农田档案做到图件、数据齐备，可核可查，作为监督、检查、审核、补划、变更基本农田的依据。二要加强基本农田的动态监管。建立省（自治区、直辖市）、市（地）、县（市、区）、乡（镇）、行政村五级基本农田保护监管网络，开展动态巡查；开展基本农田动

态监测和信息管理系统建设，完善耕地质量动态监测体系。

5. 探索新机制

落实基本农田保护责任按照《基本农田保护条例》的规定，建立基本农田保护责任制，探索建立基本农田保护经济激励机制。国家和地方有关的农业补贴要向基本农田保护任务重的地区倾斜；国家投资土地开发整理项目和其他支农项目要向基本农田保护成效突出的地区倾斜。基本农田保护基础性工作、动态监测及信息系统建设和维护经费，按照有关规定，由同级财政部门在年度部门预算内统筹安排。对基本农田保护先进单位和个人要进行表彰和奖励。

（二）农村土地承包政策

尊重和保障农户拥有承包地和从事农业生产的权利，尊重和保障外出务工农民的土地承包权和经营自主权。承包经营权流转和发展适度规模经营，必须在农户自愿、有偿的前提下依法进行，防止片面追求土地集中。妥善处理土地承包纠纷，及时化解矛盾，维护农民合法权益。

（三）耕地质量保护政策

采取各种有效措施提高耕地产出水平，推广绿肥种植、秸秆还田技术，推广测土配方施肥，推行有机肥综合利用与无害化处理，引导农民多施农家肥，增加土壤有机质，培肥基本农田地力；大力推广应用配方施肥、保护性耕作、地力培肥、退化耕地修复等技术，提升基本农田地力等级。加大对基本农田保护区农田水利建设的投入，改造和配套水利灌溉排水设施，增加基本农田的有效灌溉面积。

建立基本农田建设集中投入制度。加大公共财政对粮食主产区（主产县）和主要农业生产基地基本农田保护区建设的扶持力度；农田水利建设、农业综合开发、土地开发整理、耕地质量建设、农田林网建设等资金，按照地方政府统一规划、分步实施、部门管理、项目运作的原则，向基本农田保护区倾斜；制定扶持政策，积极鼓励农民自愿出资出劳，建设高标准的基本农田，切实提高基本农田的生产能力。

四、农田水利和生态建设政策

（一）以节水改造为中心的大型灌区续建配套

新增固定资产投资要把大型灌区续建配套作为重点，并不断加大投入力度，着力搞好田间工程建设，更新改造老化机电设备，完善灌排体系。开展续建配套灌区的末级渠系建设试点。继续推进节水灌溉示范，在粮食主产区进行规模化建设试点。有条件的地区要加快农村水利现代化步伐。水源条件较好的地区要结合重点水利枢纽建设，扩大灌溉面积。干旱缺水地区要积极发展节水旱作农业，继续建设旱作农业示范区。各地要加强灌溉用水计量，积极实行用水总量控制和定额管理。选择部分地区开展对农民购买节水设备实行补助的试点。继续搞好病险水库除险加固。抓好地方中型水源、中小河流治理等工程建设。

（二）小型农田水利建设

重点建设田间灌排工程、小型灌区、非灌区抗旱水源工程。加大粮食主产区中低产田盐碱和渍害治理力度。加快丘陵山区和其他干旱缺水地区雨水集蓄利用工程建设。地方政府要切实承担起搞好小型农田水利建设的责任。在坚决按时取消劳动积累工和义务工制度的同时，各地要积极探索新形势下开展农田水利基本建设的新机制、新办法。要严格区分加重农民负担与农民自愿投工投劳改善自己生产生活条件的政策界限，发扬农民自力更生的好传统，在切实加强民主决策和民主管理的前提下，本着自愿互利、注重实效、控制标准、严格规范的原则，引导农民对直接受益的小型农田水利设施建设投工投劳，国家对农民兴建小微型水利设施所需材料给予适当补助。

（三）生态重点工程建设

继续实施天然林保护等工程，完善相关政策。退耕还林工作要科学规划，突出重点，注重实效，稳步推进。要采取有效措施，在退耕还林地区建设好基本口粮田，培育后续产业，切实解决农民的长期生计问题，进一步巩固退耕还林成果。抓好防护林体系和农田林网建设，为建设高标准农田营造良好的生态屏障。切实搞好京津风沙源治理等防沙治沙工程。继续推进山区综合开发。进一步加强草原建设和保护，加快实施退牧还草工程，搞好牧区水利建设，加强森林草原防火和草原鼠虫害防治工作。继续搞好长江、黄河等重点流域的水土保持工作，采取淤地坝等多种措施推进小流域综合治理，加强南方丘陵红土区、东北黑土漫岗区和西南石漠化区的水土流失综合治理。切实防治耕地和水污染。

第二节 发展现代农业政策

发展现代农业是社会主义新农村建设的首要任务，是以科学发展观统领农村工作的必然要求。推进现代农业建设，顺应我国经济发展的客观趋势，符合当今世界农业发展的一般规律，是促进农民增加收入的基本途径，是提高农业综合生产能力的重要举措，是建设社会主义新农村的产业基础。

一、发展现代农业的任务目标

要用现代物质条件装备农业，用现代科学技术改造农业，用现代产业体系提升农业，用现代经营形式推进农业，用现代发展理念引领农业，用培养新型农民发展农业，提高农业水利化、机械化和信息化水平，提高土地产出率、资源利用率和农业劳动生产率，提高农业素质、效益和竞争力。建设现代农业的过程，就是改造传统农业、不断发展农村生产力的过程，就是转变农业增长方式、促进农业又好又快发展的过程。必须把建设现代农业作为贯穿新农村建设和现代化全过程的一项长期艰巨任务，切实抓紧抓好。

全面落实科学发展观，坚持把解决好"三农"问题作为全党工作的重中之重，统筹城乡经济社会发展，实行工业反哺农业、城市支持农村和多予少取放活的方针，巩固、完善、加强支农惠农政策，切实加大农业投入，积极推进现代农业建设，强化农村公共服务，深化农村综合改革，促进粮食稳定发展、农民持续增收、农村更加和谐，确保新农村建设取得新的进展，巩固和发展农业农村的好形势。

二、发展现代农业的主要内容

（一）要用现代物质条件装备农业

1. 大力抓好农田水利建设

要把加强农田水利设施建设作为现代农业建设的一件大事来抓。加快大型灌区续建配套和节水改造，搞好末级渠系建设，推行灌溉用水总量控制和定额管理。扩大大型泵站技术改造实施范围和规模。农业综合开发要增加对中型灌区节水改造投入。加强丘陵山区抗旱水源建设，加快西南地区中小型水源工程建设。增加小型农田水利工程建设补助专项资金规模。加大病险水库除险加固力度，加强中小河流治理，改善农村水环境。引导农民开展直接受益的农田水利工程建设，推广农民用水户参与灌溉管理的有效做法。

2. 切实提高耕地质量

强化和落实耕地保护责任制，切实控制农用地转为建设用地的规模。合理引导农村节约集约用地，切实防止破坏耕作层的农业生产行为。加大土地复垦、整理力度。按照田地平整、土壤肥沃、路渠配套的要求，加快建设旱涝保收、高产稳产的高标准农田。加快实施沃土工程，重点支持有机肥积造和水肥一体化设施建设，鼓励农民发展绿肥、秸秆还田和施用农家肥。扩大土壤有机质提升补贴项目试点规模和范围。增加农业综合开发投入，积极支持高标准农田建设。

3. 加快发展农村清洁能源

继续增加农村沼气建设投入，支持有条件的地方开展养殖场大中型沼气建设。在适宜地区积极发展秸秆沼气和太阳能、风能等清洁能源，加快绿色能源示范县建设，实施西北地区百万户太阳灶建设工程。加快实施乡村清洁工程，推进入畜粪便、农作物秸秆、生活垃圾和污水的综合治理和转化利用。加强农村水能资源开发规划和管理，扩大小水电代燃料工程实施范围和规模，加大对贫困地区农村水电开发的投入和信贷支持。

4. 加大乡村基础设施建设力度

"十一五"时期，要解决 1.6 亿农村人口的饮水安全问题，优先解决人口较少民族、水库移民、血吸虫病区和农村学校的安全饮水，争取到 2015 年基本实现农村人口安全饮水目标，有条件的地方可加快步伐。加大农村公路建设力度，加强农村公路养护和管理，完善农村公路筹资建设和养护机制。继续推进农村电网改造和建设，落实城乡同网同价政策，加快户户通电工程建设，实施新农村电气化建设"百千万"工程。鼓励农民在政府支持下，自愿筹资筹劳开展农村小型基础设施建设。治理农村人居环境，搞好村庄治理规划和试点，节约农村建设用地。继续发展小城镇和县域经济，充分发挥辐射周边农村的功能，带动现代农业发展，促进基础设施和公共服务向农村延伸。

5. 发展新型农用工业

农用工业是增强农业物质装备的重要依托。积极发展新型肥料、低毒高效农药、多功能农业机械及可降解农膜等新型农业投入品。优化肥料结构，加快发展适合不同土壤、不同作物特点的专用肥、缓释肥。加大对新农药创制工程支持力度，推进农药产品更新换代。加快农机行业技术创新和结构调整，重点发展大中型拖拉机、多功能通用型高效联合收割机及各种专用农机产品。尽快制定有利于农用工业发展的支持政策。

6. 提高农业可持续发展能力

鼓励发展循环农业、生态农业，有条件的地方可加快发展有机农业。继续推进天然林保护、退耕还林等重大生态工程建设，进一步完善政策、巩固成果。启动石漠化综合治理工程，继续实施沿海防护林工程。完善森林生态效益补偿基金制度，探索建立草原生态补偿机制。加快实施退牧还草工程。加强森林草原防火工作。加快长江、黄河上中游和西南石灰岩等地区水土流失治理，启动坡耕地水土流失综合整治工程。加强农村环境保护，减少农业面源污染，搞好江河湖海的水污染治理。

（二）用现代科学技术改造农业

1. 加强农业科技创新体系建设

大幅度增加农业科研投入，加强国家基地、区域性农业科研中心创新能力建设。启动农业行业科研专项，支持农业科技项目。着力扶持对现代农业建设有重要支撑作用的技术研发。继续安排农业科技成果转化资金和国外先进农业技术引进资金。加快推进农业技术成果的集成创新和中试熟化。深化农业科研院所改革，开展稳定支持农业科研院所的试点工作，逐步提高农业科研院所的人均事业费水平。建立鼓励科研人员科技创新的激励机制。充分发挥大专院校在农业科技研究中的作用。引导涉农企业开展技术创新活动，企业与科研单位进行农业技术合作、向基地农户推广农业新品种新技术所发生的有关费用，享受企业所得税的相关优惠政策。对于涉农企业符合国家产业政策和有关规定引进的加工生产设备，允许免征进口关税和进口环节增值税。

2. 推进农业科技进村入户

积极探索农业科技成果进村入户的有效机制和办法，形成以技术指导员为纽带，以示范户为核心，连接周边农户的技术传播网络。继续加强基层农业技术推广体系建设，健全公益性职能经费保障机制，改善推广条件，提高人员素质。推进农科教结合，发挥农业院校在农业技术推广中的积极作用。增大国家富民强县科技专项资金规模，提高基层农业科技成果转化能力。继续支持重大农业技术推广，加快实施科技入户工程。着力培育科技大户，发挥对农民的示范带动作用。

3. 大力推广资源节约型农业技术

要积极开发运用各种节约型农业技术，提高农业资源和投入品使用效率。大力普及节水灌溉技术，启动旱作节水农业示范工程。扩大测土配方施肥的实施范围和补贴规模，进一步推广诊断施肥、精准施肥等先进施肥技术。改革农业耕作制度和种植方式，开展免耕栽培技术推广补贴试点，加快普及农作物精量半精量播种技术。积极推广集约、高效、生态畜禽水产养殖技术，降低饲料和能源消耗。

4. 积极发展农业机械化

要改善农机装备结构，提升农机装备水平，走符合国情、符合各地实际的农业机械化发展道路。加快粮食生产机械化进程，因地制宜地拓展农业机械化的作业和服务领域，在重点农时季节组织开展跨区域的机耕、机播、机收作业服务。建设农机化试验示范基地，大力推广水稻插秧、土地深松、化肥深施、秸秆粉碎还田等农机化技术。鼓励农业生产经营者共同使用、合作经营农业机械，积极培育和发展农机大户和农机专业服务组织，推进农机服务市场化、产业化。加强农机安全监理工作。

5. 加快农业信息化建设

用信息技术装备农业，对于加速改造传统农业具有重要意义。健全农业信息收集和发布制度，整合涉农信息资源，推动农业信息数据收集整理规范化、标准化。加强信息服务平台建设，深入实施"金农"工程，建立国家、省、市、县四级农业信息网络互联中心。加快建设一批标准统一、实用性强的公用农业数据库。加强农村一体化的信息基础设施建设，创新服务模式，启动农村信息化示范工程。积极发挥气象为农业生产和农民生活服务的作用。鼓励有条件的地方在农业生产中积极采用全球卫星定位系统、地理信息系统、遥感和管理信息系统等技术。

（三）用现代产业体系提升农业

农业不仅具有食品保障功能，而且具有原料供给、就业增收、生态保护、观光休闲、文化传承等功能。建设现代农业，必须注重开发农业的多种功能，向农业的广度和深度进军，促进农业结构不断优化升级。

1. 促进粮食稳定发展

继续坚持立足国内保障粮食基本自给的方针，逐步构建供给稳定、调控有力、运转高效的粮食安全保障体系。努力稳定粮食播种面积，提高单产、优化品种、改善品质。继续实施优质粮食产业、种子、植保和粮食丰产科技等工程。推进粮食优势产业带建设，鼓励有条件的地方适度发展连片种植，加大对粮食加工转化的扶持力度。支持粮食主产区发展粮食生产和促进经济增长，水利建设、中低产田改造和农产品加工转化等资金和项目安排，要向粮食主产区倾斜。加强对粮食生产、消费、库存及进出口的监测和调控，建立和完善粮食安全预警系统，维护国内粮食市场稳定。

2. 发展健康养殖业

健康养殖直接关系人民群众的生命安全。转变养殖观念，调整养殖模式，做大做强畜牧产业。按照预防为主、关口前移的要求，积极推行健康养殖方式，加强饲料安全管理，从源头上把好养殖产品质量安全关。牧区要积极推广舍饲半舍饲饲养，农区有条件的要发展规模养殖和畜禽养殖小区。扩大对养殖小区的补贴规模，继续安排奶牛良种补贴资金。加大动物疫病防控投入力度，加强基层兽医队伍建设，健全重大动物疫情监测和应急处置机制，建立和完善动物标识及疫病可追溯体系。水产养殖业要推广优良品种，加强水产养殖品种病害防治，提高健康养殖水平。

3. 大力发展特色农业

要立足当地自然和人文优势，培育主导产品，优化区域布局。适应人们日益多样化的物质文化需求，因地制宜地发展特而专、新而奇、精而美的各种物质、非物质产品和产业，特别要重视发展园艺业、特种养殖业和乡村旅游业。通过规划引导、政策支持、示范带动等办法，支持"一村一品"发展。加快培育一批特色明显、类型多样、竞争力强的专业村、专业乡镇。

4. 扶持农业产业化龙头企业

发展龙头企业是引导农民发展现代农业的重要带动力量。通过贴息补助、投资参股和税收优惠等政策，支持农产品加工业发展。中央和省级财政要专门安排扶持农产品加工的补助资金，支持龙头企业开展技术引进和技术改造。完善农产品加工业增值税政策，减轻农产品加工企业税负。落实扶持农业产业化经营的各项政策，各级财政要逐步增加对农业产业化的资金投入。农业综合开发资金要积极支持农业产业化发展。金融机构要加大对龙头企业的信贷支持，重点解决农产品收购资金困难问题。有关部门要加强对龙头企业的指导和服务。

5. 推进生物质产业发展

以生物能源、生物基产品和生物质原料为主要内容的生物质产业，是拓展农业功能、促进资源高效利用的朝阳产业。加快开发以农作物秸秆等为主要原料的生物质燃料、肥料、饲料，启动农作物秸秆生物气化和固化成型燃料试点项目，支持秸秆饲料化利用。加强生物质产业技术研发、示范、储备和推广，组织实施农林生物质科技工程。鼓励有条件的地方利用荒山、荒地等资源，发展生物质原料作物种植。加快制定有利于生物质产业发展的扶持政策。

（四）用现代经营形式推进农业

发达的物流产业和完善的市场体系，是现代农业的重要保障。必须强化农村流通基础设施建设，发展现代流通方式和新型流通业态，培育多元化、多层次的市场流通主体，构建开放统一、竞争有序的市场体系。

1. 建设农产品流通设施和发展新型流通业态

采取优惠财税措施，支持农村流通基础设施建设和物流企业发展。要合理布局，加快建设一批设施先进、功能完善、交易规范的鲜活农产品批发市场。大力发展农村连锁经营、电子商务等现代流通方式。加快建设"万村千乡市场"、"双百市场"、"新农村现代流通网络"和"农村商务信息服务"等工程。支持龙头企业、农民专业合作组织等直接向城市超市、社区菜市场和便利店配送农产品。积极支持农资超市和农家店建设，对农资和农村日用消费品连锁经营，实行企业总部统一办理工商注册登记和经营审批手续。切实落实鲜活农产品运输绿色通道政策。改善农民进城销售农产品的市场环境。进一步规范和完善农产品期货市场，充分发挥引导生产、稳定市场、规避风险的作用。

2. 加强农产品质量安全监管和市场服务

认真贯彻农产品质量安全法，提高农产品质量安全监管能力。加快完善农产品质量安全标准体系，建立农产品质量可追溯制度。在重点地区、品种、环节和企业，加快推行标准化生产和管理。实行农药、兽药专营和添加剂规范使用制度，实施良好农业操作规范试点。继续加强农产品生产环境和产品质量检验检测，搞好无公害农产品、绿色食品、有机食品认证，依法保护农产品注册地理标志和知名品牌。严格执行转基因食品、液态奶等农产品标识制度。加强农业领域知识产权保护。启动实施农产品质量安全检验检测体系建设规划。加强对农资生产经营和农村食品药品质量安全监管，探索建立农资流通企业信用档案制度和质量保障赔偿机制。

3. 加强农产品进出口调控

加快实施农业"走出去"战略。加强农产品出口基地建设，实行企业出口产品卫生注册制度和国际认证，推进农产品检测结果国际互认。支持农产品出口企业在国外市场注册品牌，开展海外市场研究、营销策划、产品推介活动。有关部门和行业协会要积极开展农产品技术标准、国际市场促销等培训服务。搞好对农产品出口的信贷和保险服务。减免出口农产品检验检疫费用，简化检验检疫程序，加快农产品特别是鲜活产品出口的通关速度。

加强对大宗农产品进口的调控和管理，保护农民利益，维护国内生产和市场稳定。

4. 积极发展多元化市场流通主体

加快培育农村经纪人、农产品运销专业户和农村各类流通中介组织。采取财税、金融等措施，鼓励各类工商企业通过收购、兼并、参股和特许经营等方式，参与农村市场建设和农产品、农资经营，培育一批大型涉农商贸企业集团。供销合作社要推进开放办社，发展联合与合作，提高经营活力和市场竞争力。邮政系统要发挥邮递物流网络的优势，拓展为农服务领域。国有粮食企业要加快改革步伐，发挥衔接产销、稳定市场的作用。商贸、医药、通信、文化等企业要积极开拓农村市场。

（五）用培养新型农民发展农业

建设现代农业，最终要靠有文化、懂技术、会经营的新型农民。必须发挥农村的人力资源优势，大幅度增加人力资源开发投入，全面提高农村劳动者素质，为推进新农村建设提供强大的人才智力支持。

1. 培育现代农业经营主体

普遍开展农业生产技能培训，扩大新型农民科技培训工程和科普惠农兴村计划规模，组织实施新农村实用人才培训工程，努力把广大农户培养成有较强市场意识、有较高生产技能、有一定管理能力的现代农业经营者。积极发展种养专业大户、农民专业合作组织、龙头企业和集体经济组织等各类适应现代农业发展要求的经营主体。采取各类支持政策，鼓励外出务工农民带技术、带资金回乡创业，成为建设现代农业的带头人。支持工商企业、大专院校和中等职业学校毕业生、乡土人才创办现代农业企业。

2. 加强农民转移就业培训和权益保护

加大"阳光工程"等农村劳动力转移就业培训支持力度，进一步提高补贴标准，充实培训内容，创新培训方式，完善培训机制。适应制造业发展需要，从农民工中培育一批中高级技工。

鼓励用工企业和培训机构开展定向、订单培训。组织动员社会力量广泛参与农民转移就业培训。按照城乡统一、公平就业的要求，进一步完善农民外出就业的制度保障。做好农民工就业的公共服务工作，加快解决农民工的子女上学、工伤、医疗和养老保障等问题，切实提高农民工的生活质量和社会地位。

3. 加快发展农村社会事业

这是增强农民综合素质的必然要求，也是构建社会主义和谐社会的重要内容。继续改善农村办学条件，促进城乡义务教育均衡发展。2007 年全国农村义务教育阶段学生全部免除学杂费，对家庭经济困难学生免费提供教科书并补助寄宿生生活费，有条件的地方还扩大了免、补实施范围。加快发展农村职业技术教育和农村成人教育，扩大职业教育面向农村的招生规模。加大对大专院校和中等职业学校农林类专业学生的助学力度，有条件的地方可减免种植、养殖专业学生的学费。努力扫除农村青壮年文盲。继续扩大新型农村合作医疗制度试点范围，加强规范管理，扩大农民受益面，并不断完善农村医疗救助制度。加强农村计划生育工作，全面推行农村计划生育家庭奖励扶助政策，加大少生快富工程实施力度。增加农村文化事业投入，加强农村公共文化服务体系建设，加快广播电视"村村通"和农村文化信息资源共享工程建设步伐。

4. 提高农村公共服务人员能力

建立农村基层干部、农村教师、乡村医生、计划生育工作者、基层农技推广人员及其他与农民生产生活相关服务人员的培训制度，加强在岗培训，提高服务能力。进一步转换乡镇事业单位用人机制，积极探索由受益农民参与基层服务人员业绩考核评定的相关办法。加大城市教师、医疗人员、文化工作者支援农村的力度，完善鼓励大专院校和中等职业学校毕业生到农村服务的有关办法，引导他们到农村创业。有条件的地方，可选拔大专院校和中等职业学校毕业生到乡村任职，改善农村基层干部队伍结构。

第三节　农业技术推广法

1993 年 7 月 2 日第八届全国人民代表大会常务委员会第二次会议通过的《中华人民共和国农业技术推广法》是我国第一部专门的农业技术推广法律规范，它标志着我国农业发展和农业技术推广工作已进入了依法管理的新阶段。

一、农业技术推广的方针和原则

（一）农业技术与农业技术推广

农业技术，是指应用于种植业、林业、畜牧业、渔业的科研成果和实用技术，包括良种繁育、施用肥料、病虫害防治、栽培和养殖技术，农副产品加工保鲜、贮运技术，农业机械技术和农用航空技术，农田水利、土壤改良与水土保持技术，农村供水、农村能源利用和农业环境保护技术，农业气象技术以及农业经营管理技术等。

农业技术推广，是指通过试验、示范、培训、指导以及咨询服务等，把农业技术普及应用于农业生产产前、产中、产后全过程的活动。农业技术推广是科学与生产之间进行联系，促进科技成果和实用技术转化为直接生产力的桥梁，是科研成果的继续和延伸。

（二）农业技术推广的方针

一是国家依靠科学技术进步和发展教育，振兴农村经济，加快农业技术的普及应用，发展高产、优质、高效益的农业；二是国家鼓励和支持科技人员开发、推广应用先进的农业技术、鼓励和支持农业劳动者和农业生产经营组织应用先进的农业技术；三是国家鼓励和支持引进国外先进的农业技术，促进农业技术推广的国际合作与交流。

（三）农业技术推广的原则

（1）有利于农业的发展。

（2）尊重农业劳动者的意愿。

（3）因地制宜，经过试验、示范。

（4）国家、农业集体经济组织扶持。

（5）实行科研单位、有关学校、推广机构与群众性科技组织、科技人员、农业劳动者相结合。

（6）讲求农业生产的经济效益、社会效益和生态效益。

（四）政府和农业技术推广行政部门的职责

1. 政府在农业技术推广工作中的职责

《农业技术推广法》第七条对各级人民政府在农业技术推广工作中的职责作了明确规定。"各级人民政府应当加强对农业技术推广工作的领导，组织有关部门和单位采取措施，促进农业技术推广事业的发展"。这清楚地表明，各级人民政府在农业技术推广中负有两个方面的职责，一是有领导职责，二是有组织协调政府所辖与农业技术推广有关的部门和单位采取措施，支持并为农业技术推广提供保障、促进农业技术推广事业发展的职责。

2. 农业技术推广行政部门在农业技术推广中的职责

《农业技术推广法》第九条规定："国务院农业、林业、畜牧、渔业、水利等行政部门按照各自的职责，负责全国范围内的有关农业技术推广工作。县以上地方各级人民政府农业技术推广行政部门在同级人民政府领导下，按照各自的职责，负责本行政区域内有关的农业技术推广工作。同级人民政府科学技术行政部门对农业技术推广工作进行指导。"这一规定明确了农业技术推广的行政管理体制和管理范围。各级农业、林业、畜牧、渔业、水利等行政部门是同级农业技术推广的主管部门。各级农业技术推广行政部门负责本区域内的农业技术推广工作。同时还明确了科学技术行政部门与农业技术推广之间的关系是指导关系。

二、农业技术推广体系

农业技术推广体系是农业社会化服务体系和国家对农业支持保护体系的重要组成部分，是实施科教兴农战略的重要载体。

（一）农业技术推广体系的构成

《农业技术推广法》第十条规定："农业技术推广，实行农业技术推广机构与农业科研单位、有关学校以及群众性科技组织、农民技术员相结合的推广体系。"可以看出我国的农业技术推广体系是由5个部分构成的，是多层次、多成分的农业技术推广体系。在农业技术推广体系构成的5个部分中，农业技术推广机构是专业技术推广机构，是代表国家从事农业技术推广工作的，是农业技术推广的主体及核心。

（二）国家专业农业技术推广机构的职责

乡镇以上各级国家专业农业技术推广机构的职责主要是：

（1）参与制订农业技术推广计划并组织实施；

（2）组织农业的专业技术培训；

（3）提供农业技术、信息服务；

（4）对确定的农业技术进行试验、示范；

（5）指导下级农业技术推广机构、群众性科技组织和农民技术人员的农业技术推广活动。

三、农业技术的推广与应用

（一）农业技术推广项目的制定和实施

《农业技术推广法》第十七条对农业技术推广项目的制定和实施作了明确规定："推广农业技术应当制定农业技术推广项目。重点农业技术推广项目应当列入国家和地方有关科技发展计划，由农业技术推广行政部门和科学技术行政部门按照各自的职责，相互配合，组织实施。"重点农业技术推广项目，科学技术行政部门应当列入科技发展计划，并指导农业技术推广行政部门组织实施。

（二）推广农业技术要农业科研、教育、推广相结合

农业科研、教育、推广三者之间有各自的功能和优势，把三者有机地结合起来，有利于发挥"三农"的整体功能和综合效益，推进农业科技进步，加快农业发展。《农业技术推广法》第十八条规定："农业科研单位和有关学校应当把农业生产中需要解决的技术问题列为研究课题，其科研成果可以通过农业技术推广机构推广，也可以由该农业科研单位、该有关学校直接向农业劳动者和农业生产经营组织推广。"上述规定强调了"三农"结合加快农业技术推广的作用，明确了农业科研、教育、推广各自的工作重点，并对农业科研和有关学校的技术成果推广问题进行了规范。

（三）农业技术推广的无偿和有偿服务

农业技术推广的目的在于把先进、实用的农业技术普及应用于农业生产实践，从而促进农业生产的发展，是一种以社会效益为主的公益性事业。其本质是国家对农业扶持的一种形式。因此，向农业劳动者推广农业技术要避免增加他们的负担。《农业技术推广法》第二十二条规定：国家农业技术推广机构向农业劳动者推广农业技术除法定情形外，实行无偿服务。所以国家农业技术推广机构所需要的经费，应由政府财政拨给。

为适应农村市场经济发展的需要，调动农业技术推广机构、农业科研单位、有关学校和科技人员开发、推广农业技术的积极性，弥补事业经费的不足，《农业技术推广法》第二十二条第二款规定："农业技术推广机构、农业科研单位、有关学校以及科技人员，以技术转让、技术服务和农业技术承包等形式提供农业技术的，可以实行有偿服务，其合法收入受法律保护。进行农业技术转让、技术服务和技术承包，当事人各方应当订立合同，约定各自的权利和义务。"

（四）农业技术推广的法律责任

在农业技术推广中，为保护农业劳动者的利益，调动农业劳

动者和农业生产经营组织采用农业技术的积极性，推广农业技术的组织和个人要保证其推广的农业技术在推广地区具有先进性和适用性，并且要按照农业劳动者自愿的原则推广应用，不得强行推广，否则应当承担农业技术推广的法律责任。《农业技术推广法》第十九条规定："向农业劳动者推广的农业技术，必须在推广地区经过试验，证明具有先进性和适用性。向农业劳动者推广未在推广地区经过试验证明具有先进性和适用性的农业技术，给农业劳动者造成损失的，应当承担民事赔偿责任，直接负责的主管人员和其他直接责任人员可以由其所在单位或者上级机关给予行政处分。"第二十条规定："农业劳动者根据自愿的原则应用农业技术。任何组织和个人不得强制农业劳动者应用农业技术。强制农业劳动者应用农业技术，给农业劳动者造成损失的，应当承担民事赔偿责任，直接负责的主管人员和其他直接责任人员可以由其所在单位或者上级机关给予行政处分。"这些法律责任的规定，是与农业技术推广应遵循的原则相呼应的。

四、农业技术推广的保障措施

（一）经费保障

农业技术推广经费包括农业技术推广机构人员经费，新技术引进、试验示范推广经费，仪器设备购置费以及举办技术经营初期所需的周转资金等。

1. 财政拨款

《农业技术推广法》第二十六条第三款规定："国家农业技术推广机构推广农业技术所需的经费，由政府财政拨给。"第二十三条规定："国家逐步提高对农业技术推广的投入。各级人民政府在财政预算内应当保障用于农业技术推广的资金，并应当使该资金逐年增长。"明确规定国家农业技术推广机构推广农业技术所需的资金由政府财政拨给，并要列入政府财政预算，要逐步提高，逐年增长，给以保证。

2. 以工补农资金

《农业技术推广法》第二十五条规定："乡、村集体经济组织从其举办的企业的以工补农、建农的资金中提取一定数额，用于本乡、本村农业技术推广的投入。"这说明，乡、村集体经济组织有向本乡、本村农业技术推广投入的义务。

3. 农业技术推广专项资金

对农业技术推广专项资金的筹集和用向问题，《农业技术推广法》第二十三条第二款规定："各级人民政府通过财政拨款以及从农业发展基金中提取一定比例的资金，筹集农业技术推广专项资金，用于实施农业技术推广项目。"并规定："任何机关或者单位不得截留或者挪用农业技术推广的资金。"《农业技术推广法》对农业技术推广机构推广农业技术所需的资金规定的力度很大，这是农业技术推广事业发展的重要保障措施。

（二）人员保障

1. 人员素质

农业技术推广工作是否有活力，农业技术推广人员至关重要。关于农业技术推广人员的素质问题，《农业技术推广法》第十二条规定："农业技术推广机构的专业技术人员，应当具有中等以上有关专业学历，或者经过县级以上人民政府有关部门主持的专业考核培训，达到相应的专业水平。"这些规定对保证农业技术推广机构在农业技术推广中的主体地位和农业技术推广人员的质量提供了法律保障。

2. 工作条件和生活条件的保障

为了稳定农业技术推广队伍，促进农业技术推广事业的发展，《农业技术推广法》第二十四条规定："各级人民政府应当采取措施，保障和改善从事农业技术推广工作的专业技术人员的工作条件和生活条件，改善他们的待遇，依照国家规定给予补贴，保持农业技术推广机构和专业科技人员的稳定。对在乡、村从事农业技术推广工作的专业科技人员的职称评定应当以考核其推广工作的技术水平和实绩为主。"

3. 农业技术推广工作的奖励

关于对农业技术推广的奖励问题，《农业技术推广法》没作具体规定，《山东省农业技术推广条例》第三十一条有明确规定：县级以上人民政府应对具有下列条件之一的单位和个人给予表彰和奖励：①引进、推广农业新技术成效突出的；②在培养农业技术推广人才方面作出突出贡献的；③长期在乡镇从事农业技术推广工作，取得显著成绩的；④在领导和支持农业技术推广工作中作出重要贡献的。

4. 技术培训

为了提高农业技术推广人员的业务水平，更新知识，《农业技术推广法》第二十七条规定："农业技术推广行政部门和县以上农业技术推广机构，应当有计划地对农业技术推广人员进行技术培训，组织专业进修，使其不断更新知识，提高业务水平。"这就规定了农业技术推广机构的专业科技人员有接受技术培训和业务进修的权利。

（三）物资保障

农业技术与农业生产资料相结合，是农业科技进步的必然。农业市场经济的发展，要求农业技术推广开展产前、产中、产后系列化服务，兴办以技术为依托的经济实体，在增加农民收入的同时，增加农业技术推广机构自身的实力和活力，建立起自身的积累发展机制，弥补国家事业经费的不足。为此《农业技术推广法》第二十六条规定："农业技术推广机构、农业科研单位和有关学校根据农村经济发展的需要，可以开展技术指导和物资供应相结合等多种形式的经营服务。"并规定："对农业技术推广机构、农业科研单位和有关学校举办的为农业服务的企业，国家在税收、信贷等方面给予优惠。"上述规定对农业技术推广机构立足推广搞经营，搞好经营促推广，更好地促进农业技术与物资的结合，提高农用物资的利用效益，推动农业技术推广事业的发展有重要作用。

（四）设施、场所保障

为保障农业技术推广机构的权益不受侵犯，《农业技术推广法》第二十八条第一款规定："地方各级人民政府应当采取措施，保障农业技术推广机构获得必需的试验基地和生产资料，进行农业技术的试验、示范。"这就规定了农业技术推广机构必须有试验示范基地和生产资料。第二十八条第二款规定："地方各级人民政府应当保障农业技术推广机构有开展农业技术推广工作的必要条件。"规定了农业技术推广机构开展农业技术推广工作要有办公、化验培训、仓库、仪器等必要的工作条件。农业技术推广机构的财产等属国家所有，专门用于农业技术推广。《农业技术推广法》第二十八条第三款规定："地方各级人民政府应当保障农业技术推广机构的试验基地、生产资料和其他财产不受侵占。"依照法律规定，凡是平调、挪用和侵占农业技术推广机构财产的都是违法行为，对有关责任人员应给予行政处分或依法追究刑事责任。对有令不行、有禁不止的部门和单位，要严肃查处，并追究其负责的领导人的责任。

主要参考文献

[1] 徐洪海．农业技术指导员知识读本．北京：中国农业出版社，2009

[2] 陈温福等．水稻农艺工培训教材（北方本）．北京：金盾出版社，2008

[3] 靳德明．水稻农艺工培训教材（南方本）．北京：金盾出版社，2008

[4] 关成宏．绿色农业植保技术．北京：中国农业出版社，2010

[5] 施森宝．农机耕播作业技术问答．北京：金盾出版社，2010

[6] 宋全礼，范福珍等．小型拖拉机使用与维修精华．北京：机械工业出版社，2008

[7] 科学技术部中国农村技术开发中心．农民信息致富读本．北京：中国农业科学技术出版社，2009

[8] 马新明．农业信息化技术导论．北京：中国农业科学技术出版社，2009